황새와 습지

남영숙 · Kantaro TABIRAKI · 김수경 · Yury DARMAN · 임정철 · 배명순 · 김경선

교육과학사

프롤로그

습지란 무엇인가? 황새에게 왜 습지는 중요할까? 황새는 무엇인가? '황새와 습지'라는 주제를 탐구하며 이런 질문들을 던져보곤 한다.

황새는 참으로 귀한 생명체이다. 황새는 길조이고, 아이를 물어다주는 평화의 상징이다. 마을 어귀의 소나무 위에 둥지를 틀고, 소와 함께 경작하던 논 웅덩이에서 사람들과 함께 더불어 살던 정겨운 생명체이다.

황새는 이런 우리 문화와 정서 속에 함께 살았지만 일제 강점기의 삼림벌채, 한국전쟁, 산업화과정에서의 녹지 잠식 및 농약과 비료 사용으로 인한 논 생태계 훼손 등으로 우리나라에서 텃새 황새는 1970년대 초에 멸절되었다.

1996년부터 시도된 황새 복원 역사는 25여 년이 흘러가고 있다. 사육시설 내에서의 황새 번식 개체관리 및 야생으로의 재도입 시도는 성공적으로 진행되고 있다. 2015년 이후 67개체를 재도입하였는데, 49마리의 유조가 성공적으로 자연부화하였다. 이 중 황새 3세대가 자연에서 번식하는 경사를 맞이하기도 하였다. 재도입 황새들 중 일부는 일본, 중국, 대만, 러시아 등으로 비상하여 보도되기도 하였다. 특히, 우리가 갈 수 없는 불모지인 북한을 황새들은 자유롭게 다녀오기도 하였다.

이처럼 재도입의 영역은 넓어지고 있고, 우리나라 전역에서 황새가 아름답게 비상하는 꿈을 꾼다. 2021년에는 우리나라 황새의 성공적 재도입을 위하여 서산, 고창, 김해, 청주, 해남 등 5개 지역에 단계적 방사시설을 건립하고 사회화 훈련을 시킨 후에 황새 야생복귀 계획을 하고 있다.

성공적 야생복귀의 첫 번째 조건은 황새의 안전한 서식지일 것이다. 황새의 서식지로서의 습지는 매우 중요한 기능을 한다. 습지는 황새가 살아갈 수 있는 삶터이고 먹이 공급 장소이다. 습지의 건강성은 황새의 건강성과 맞닿아 있다. 그래서 전국을 대상으로 하여 황새의 서식지 적합성 평가를 실시하였고, 그 결과에 의해 선정된 지역들에 단계적 방사시설을 건립할 수 있도록 하였다.

이제는 황새복원은 사육시설 내에서의 개체수 증식뿐만 아니라 황새의 재도입을 위한 서식지 보전 관리와 보다 연계하여야 한다. 이는 성공적 황새복원을 위한 가장 중요한 과제 중의 하나일 것이다.

이 책이 엮이기 전까지 지난 2년여 동안 두 번의 국제세미나와 한 번의 정책포럼을 개최하여 황새의 서식지로서 습지의 중요성을, 습지보전의 과제를 이슈화하고자 하였다. 특히, 중국 포양호를 방문하여 황새를 비롯한 철새들이 서식할 수 있는 습지보전 사례를 탐방하며, 우리나라에 적용 가능한 조류 서식지로서의 습지보전을 위한 다양한 사례를 배울 수 있었다. 이러한 다양한 노력 및 성과들을 토대로 이 책은 다음과 같이 구성되었다.

1장에서는 습지의 가치를 지속가능발전 관점에서 조명해 보고, 황새를 위한 지속 가능한 서식지로서의 습지 보전 사례를 제시하였다.

2장에서는 일본의 습지 보전 및 습지 문화를 위하여 람사르 협약에 따른 일본 습지 현황, 습지 문화 및 향후 과제에 대해 소개하였다.

3장에서는 황새가 이용하는 다양한 습지 유형을 이해하기 위하여 우리나라 황새 주요 서식지인 논 습지, 하천, 저수지, 갯벌, 범람원 습지의 특성과 각 습지에서의 황새의 먹이 사냥에 대한 내용으로 구성되었다.

4장에서는 1999년부터 2019년까지 20년간 러시아 자연보호구역 내 황새 보전 전략 및 성과, 아무르강 유역 근처 주요 황새 번식지에 대해 상술하였다.

5장에서는 우리나라 습지 보전법, 관리 체계 및 현황, 습지 조사 사업 현황을 설명하고, 황새 서식지 보전을 위한 습지 정책 방안을 제시하였다.

6장에서는 지역의 습지사례를 위하여 충청북도 내 습지의 현황, 습지 보전 및 관리 조례를 설명하고, 충청북도 습지 보전 로드맵을 작성하였다.

지속 가능한 사회에서는 황새와 인간이 더불어 사는 세상을 그려볼 수 있을 것이다. 7장에서는 그 단편적인 모습들을 김경선 작가가 카메라 렌즈를 통하여 그려내고 있다.

이 책은 인류와 더불어 살아가야 할 황새의 먹이터, 삶터, 놀이터, 서식 공간인 습지에 관한 것이다. 전 세계를 혼란 속으로 빠트리고 있는 COVID-19라는 현상을 극복할 수 있는 대안으로서 생물다양성 보전을 위하여 습지보전의 중요성을 아무리 강조하여도 지나치지 않을 것이다.

그래서 이 책은 천연기념물 199호, 멸종위기 야생생물 1급인 황새 보전을 위한 필요조건인 서식지 보전에 관한 내용들이므로 황새복원 전문가들의 필독서가 될 수 있다. 따라서 수많은 멸종위기종을 복원하고자 하는 많은 기관 및 전문가에게 길잡이 역할을 할 수 있기를 기대해 본다.

또한 환경학, 환경교육학, 환경생태학을 비롯한 복원생태학, 지속 가능한 생태학, 습지생태학 등에 관심을 갖고 있는 연구자 및 학부생, 대학원생들에게 이 책이 도움 되기를 희망한다.

이 책을 발간하기 위하여 많은 분들이 수고를 아끼지 않았다. 예산 지원 없이도 책 집필에 참여해 주신 공동저자들께 감사를 드린다. 그리고 2019년 '황새와 융합교육'의 출판에 이어 두 번째 저서인 '황새와 습지' 출판을 선뜻 허락해 준 교육과학사와 관계자분들께 깊은 감사를 드리고 싶다. 또한 출판사와의 가교 역할을 해 준 황새생태연구원의 문성채 박사에게 고마움을 빠트릴 수 없다. 이 책의 중요 부분을 차지하는 일본과 러시아 전문가들의 영문원고를 틈틈이 번역하여 준 김수경 박사와 문성채 박사에게도 특별한 고마움을 표하고 싶다.

마지막으로 이사와 정리 등 일들이 많았음에도 내가 이 책을 마무리할 수 있도록 물심양면으로 지원해준 나의 가족들(현래씨, 애리와 성준)에게도 고마움과 사랑을 전하고 싶다.

긴 겨울이 끝나갈 즈음에 황새들의 짝짓기, 산란 및 부화 소식들이 여기저기 들려오고 있다. 이는 봄이 오고 있음을 알리는 기쁜 희망의 소식이다. 코로나19로 마스크 뒤의 얼굴에 황새와 함께 환한 미소가 피어나기를 소망해 본다.

2021년 3월에
저자를 대표하여
황새생태연구원 원장 남 영 숙 교수

목 차

제1부

습지 가치 및 보전

제1장 지속가능발전과 습지

남영숙*

요 약

이 장의 목적은 황새 재도입의 가장 중요한 서식지로서의 습지보전방안을 논의해 보고자 하였다. 이를 위해서 먼저 황새의 생태적 특성 등을 포함한 개요, 황새 서식지로서의 습지 정의 및 유형들을 살펴보았다. 습지 훼손원인과 문제, 보전 및 복원방안들도 제시하였다. 황새와 생물다양성, 지속가능발전과 SDGs에서의 생물다양성을 도출하였다. 마지막으로 지속가능한 습지 활성화방안으로 환경교육방안, 람사습지도시 및 습지생태공원의 환경체험학습장 활용사례를 제시하였다.

Ⅰ. 황새 개요

만약 이 세상에 생명체가 사람밖에 없다면 사람이 살아갈 수 있을까?
너희들이 먹는 음식을 떠올려보면 답은 쉽게 나올 거야. 당연히 살 수 없겠지!

* 황새생태연구원장, 한국교원대학교 환경교육과 교수

그래서 우리가 자연이라고 부르는 말 속에 들어가는 많은 식물과 동물(생물)들이 필요하단다. 사람들은 자연에서 음식도 얻고, 생활에 필요한 여러 가지 재료들을 구하며 살아가지. 그러니 자연이 오염되고 마구 훼손되면 그 피해가 결국 사람들에게 돌아간다고 하는 거야.

사람이나 황새나 다양하게 골고루 먹으며 건강하게 살아가려면 자연에 사는 생물도 다양해야 해. 그리고 이렇게 다양한 생물이 사는 자연을 건강하다고 말하지.

우리 황새도 사람들과 비슷해. 우리가 살아가려면 얕은 물가(습지)에 사는 작은 동물들이 있어야 해. 그런데 이 작은 동물들은 더 작은 동물이나 식물을 먹고 살아가지. 그러니 우리 황새가 사는 곳은 작은 동·식물이 다양하고 풍부한 곳이라는 뜻이기도 해. 즉, 자연이 오염되지 않고 건강한 곳이라는 거야. 그러니 당연히 사람에게도 좋지 않겠어? 그래서 이런 말이 생겨났지.

「황새가 살 수 없는 곳은 사람도 살 수 없다」

내가 먹는 얘기만 했다고 나를 먹는 것만 밝히는 황새로 오해하는 건 아니겠지? 그랬다면 너무 섭섭해! 나도 먹이를 떠나 많은 식물과 동물들이 그 자체로 자연을 건강하게 만드는 소중한 친구들이라는 것쯤은 알고 있다고!

사람들은 기술이 좋아서 습지도 땅으로 만들고, 여러 가지 비료와 농약을 사용해서 옛날보다 수확도 많이 하지만 우리는 그럴 능력이 없어. 우리는 사람들이 남겨놓은 자연에서 오염되지 않은 곳을 찾아 살아갈 수밖에 없단다. 그러니 사람들이 우리 황새와 함께 살아야 한다는 생각을 좀 해주면 좋겠어. 어렵게 자연으로 돌아가고 있는 우리 황새가 다시 사라지지 않도록 말이야. 황새가 안심하고 살아갈 수 있는 건강한 자연이 많을수록 사람들도 오래오래 건강하게 살아갈 수 있다는 사실! 항상 기억해 줘.

윤영선(2021)

이처럼 창작동화에서 지속 가능한 삶을 위한 소재가 되는 황새는 무엇인가? 큰 새라는 뜻의 '한새'에서 비롯된 이름이다. 황새는 황새목(*Ciconiiformes*), 황새과(*Ciconiidae*), 황새속(*Ciconia*)에 속하며, 학명은 황새(*Ciconia boyciana*)이다. 황새속(*Ciconia*)에는 전 세계적으로 7종이 있으며,[2] 국내에는 황새(*C. boyciana*)와 겨울철새인 먹황새(*C. nigra*)가 서식하고 있다.[3]

조류 중 가장 큰 새에 속하는 종으로 과거에는 우리나라에 흔하게 서식하던 텃새였다. 마을 어귀의 소나무 위에 둥지를 틀어 마을을 지키는 수호새로, 소와 사람들이 경작하는 논에서 함께 더불어 살던 정겨운 생명체이기도 하였다.

황새는 이런 우리 문화와 정서 속에 함께 살았지만 일제 강점기의 삼림벌채, 한국전쟁, 산업화과정에서의 녹지 잠식 및 농약과 비료 사용으로 인한 논 생태계 훼손 등으로 우리나라에서 텃새 황새는 1970년대 초에 멸절되었다. 그 이후 세계적인 희귀 물새로 시베리아 및 중국 동북지역 등의 습지에서 번식하고 우리나라에서는 겨울철새로만 볼 수 있던 새였다.

---

2) 전 세계적으로 분포하고 있는 황새 종류로는 홍부리 황새, Maguari stork, 울라넥트 스토크, 아브딤 황새, Stormis stork, 황새와 먹황새 등 7종이 있다.

3) 황새는 몸길이 약 110-150cm의 대형조류로, 몸은 전체적으로 흰색이며 날개 부분이 검은색이다. 부리는 매우 크며 검은색이며, 목과 눈 주위, 다리는 붉은색을 띈다. 둥지는 소나무 같은 거목 위에, 땅에서 5-20m 높이의 나뭇가지 위에 접시 모양으로 크게 짓는다. 암컷은 한번에 3-4개의 알을 낳으며, 알은 흰색 타원형의 모양을 띤다. 황새의 분포지는 러시아, 중국, 일본 및 한국 등이다. 특히, 중국과 러시아의 경계인 아무르강(Amur river)과 우수리강(Ussuri river), 러시아의 제야강(Zeya river) 유역, 중국 북동부의 산지앙 평원(Sanjiang plain) 중심으로 야생 번식 개체군이 서식하고 있다(황새생태연구원, 2020). 또한 한국, 중국 남부지역이나 양쯔강 유역, 타이완 남부지역, 홍콩, 일본 등지에서 소수의 개체가 월동하는 것으로 조사되고 있다(위키피디아, 2021).

이러한 황새 서식지는 호수, 하구, 논 등의 습지를 선호하는 경향이 있다. 황새 서식지 적합성 평가 결과, 황새가 하구, 논 등의 습지에 체류한 빈도수가 높은 것으로 나타났다(황새생태연구원, 2020). 그리고 황새는 육식 동물로서 습지 등에서 다양한 크기와 종류의 어류, 포유류, 조류, 양서류 등을 포획하여 섭취한다. 금강유역권의 황새가 체류한 빈도수를 분석한 결과(그림 1－1), 하구습지 및 연안습지는 황새에게 중요한 의미를 갖는 것을 확인하였다.

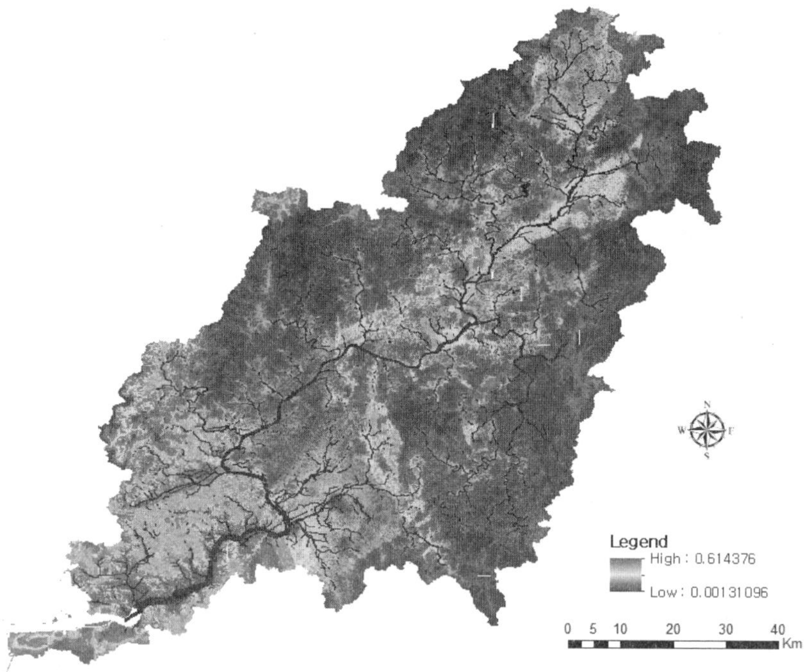

[그림 1-1] 금강유역 황새 서식지 분포도

출처: 황새생태연구원, 2020

우리나라에서 천연기념물 및 멸종위기 야생생물 1급인 황새는 국제적 멸종위기종으로 지정되어 보호 및 복원이 필요한 조류로 평가받고 있다. 1988년 세계자연보전연맹(IUCN)에서 황새를 적색목록(Red list) 준위협(Near Threatened; NT) 등급으로 지정하였으나, 1994년부터 멸종 위기종(Endangered; EN) 등급으로 상향 지정되어 있다(그림 1-2).

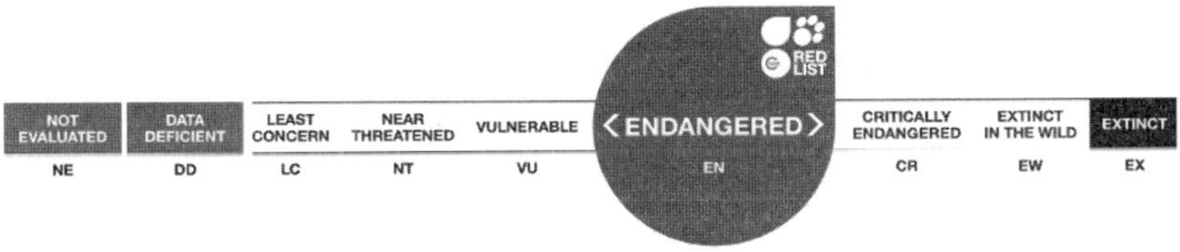

[그림 1-2] 세계자연보전연맹(IUCN) 적색목록 지정 현황-황새

우리나라에서는 멸절된 황새를 두 가지 중앙정부정책에 의하여 복원하고 있다.

첫째, 황새는 천연기념물 199호(1968.05.30.)로 지정하여 보호받고 있다. 천연기념물은 '문화재보호법'에 의해 동물(서식지 · 번식지 · 도래지 포함), 식물(자생지 포함), 지질 · 광물, 천연보호구역으로서 중요한 가치가 있는 것을 문화재청에서 지정한 문화재를 의미한다(문화재보호법). 이 법에 의하면, 천연기념물은 진귀성과 희귀성, 고유성과 특수성, 분포성과 역사성 등의 특성을 지닌 것이다. 동물의 경우, 우리나라의 독특한 동물 또는 특수한 지역에 서식하거나 일정한 번식지역, 계절에 따라 나타나는 철새 등과 희귀한 동물 및 관상적으로 특이한 동물들이 천연기념물로 지정되어 있다. 황새는 조류의 종 자체를 지정한 것으로서 오랜 역사 속에서 만들어진 민족의 삶과 풍속, 관습 등 문화 등과 밀접한 관계가 있기 때문에 지정되어 보호받고 있는 것이다.

둘째, 환경부의 멸종위기종 보호를 위한 서식지 외 보전기관 지원사업에 의하여 보호받고 있다. 멸종위기 야생생물은 '야생생물 보호 및 관리에 관한 법률'에 따라 환경부에서 1급 51종, 2급 195종으로 총 246종이 지정되어 있다(환경부, 2017). 야생생물을 서식지에서 보전하기 어렵거나 종의 보존 등을 위하여 서식지 외에서 보전할 필요가 있는 경우에 지원하고 있는데, 2001년에 황새생태연구원이 서식지 외 보전기관으로 지정되었다. 서식지 외 보전기관이란 멸종 위기의 생명체를 보호·증식하고 복원하는 곳이다. 현재 우리나라의 서식지 외 보전기관으로는 26곳이 지정되어 있다.

II. 습지 개요 및 유형

1. 습지 개요

최근 세계적 환경의 화두는 기후변화와 함께 습지의 생태계서비스 기능이 이슈가 되고 있다. 습지는 열대지역에서 한대지역까지 고루 분포하며, 지구 표면의 4~6% 정도에 해당한다(Mitsch and Gosselink, 2015). 또한 습지는 생물다양성의 보고로서 동·식물, 미생물 등의 서식지이며, 오염물질의 정화, 홍수조절, 기후 완화, 여가, 심미적 기능 등 환경적으로나 사회·문화·경제적으로 그 가치가 매우 높은 곳이다(KEI, 2006). 따라서 습지가 가지고 있는 다양한 생태·환경학적 중요성에 대한 인식이 확대되고 있으며, 하천이나 호소의 수질을 개선하기 위한 대안으로 습지의 보전이나 복원 및 효율적인 이용 방안에 대한 관심이 높아지고 있다(Lee *et al.*, 2010).

습지란 "자연적인 것도 인공적인 것도 포함하며, 또한 영속적인 것이나 일시적인 것이나, 물이 체류하고 있거나 흐르고 있거나, 혹은 담수이건 기수이건 염수이건 간에 습원이나 소택지, 이탄지, 혹은 하천이나 호소 등의 수역으로, 수심이 간조 시에 6m를 넘지 않는 해역을 포함한다." 라고 Ramsar조약 1조에 정의되어 있다. 이 조약에서는 습지 혹은 습지를 포함하는 생태계는 크게는 하천의 집수 지역 전체, 또한 그 집수지역에 포함되는 범람원이나 하구, 호소, 습원이라는 경관 단위로 분류하고 있다.

습지의 정의는 일반적으로 육상생태계와 수생생태계 사이의 중간공간이며, 양 생태계의 가장자리 공간을 의미한다. 즉, 습지는 육상생물계와 수중생물계를 상호 이어주는 연결통로 역할을 하고 있다(그림 1-1). 우리나라 습지보전법 제2조에서는 습지를 "담수 · 기수 또는 염수가 영구적 또는 일시적으로 그 표면을 덮고 있는 지역"으로 정의하고 있으며, 내륙습지와 해안습지로 구분하고 있다. 내륙습지는 육지 또는 섬 안에 있는 호 또는 늪, 하구 등을 의미하고, 해안습지는 조간대, 즉 갯벌과 같은 의미이다.

그리고 람사협약 제1조 제1항에서는 습지를 "자연 또는 인공이든, 영구적 또는 일시적이든, 정수 또는 유수이든, 담수 기수 혹은 염수이든, 간조 시 수심 6m를 넘지 않는 해수지역을 포함하는 늪, 습원, 이탄지, 물이 있는 지역"으로 규정하고 있다.[4)]

습지란 육상생태계와 수생태계 사이의 전이지대로서 지하수가 지표면

4) 습지 보호에 관한 국제적 협약. 공식적 이름은 '물새 서식지로서 국제적으로 중요한 습지에 관한 협약'으로, '습지에 관한 협약', 람사협약으로 불린다. 우리나라는 1997년 3월 28일 가입하여 1997년 7월 28일부터 협약이 발효되었다.

가까이에 위치하며 토양이 얕은 물로 덮인 지역으로 정의하기도 한다(USFWS, 1976). 구본학(2018)은 습지를 수환경과 육지환경 사이의 전이지역으로서 지하수위가 지표면 근처까지 유지되거나 지표가 얕은 물에 의해 덮이는 곳으로 정의하고 있다.

습지란 기본적으로 수분을 함유하여 습한 상태를 유지하는 곳이어야 한다. 습지는 습지식생이나 습지 토양에 관계없이 일정 기간 동안 침수되거나 얕은 물로 덮여 있다.

이에 따라 습지는 지구상에서 가장 영양물질이 풍부하고 생산성이 높은 생태계로 알려져 있으며, 특히 생물다양성이 매우 높고 희귀동식물 등 서식처, 산란지로서 생태계의 보고라 불리고 있다. 즉, 습지생태계는 습지에 사는 생물군과 그 생물들을 제어하는 제반요인을 포함하는 복합체계를 의미한다. 습지 생태계는 각종 철새와 텃새의 도래지일 뿐 아니라 수많은 야생 동물들이 서식하는 매우 귀중한 자연 보고이다. 이러한 관점에서 황새의 재도입을 위한 첫 번째 조건으로는 황새 서식지로서의 습지조성이 매우 중요하다.

2. 습지의 유형 및 분류

습지 유형은 습지보전법과 람사협약에서 제시하고 있는 분류체계가 일반적으로 사용되고 있다(김성봉, 2008; 구본학, 2018).

1) 습지보전법에 의한 습지의 분류

습지보전법에서는 습지를 내륙습지, 하천습지, 해안습지 등으로 구분한다. 내륙습지는 육지나 섬 안에 있는 늪, 호수, 하구 따위에 발달된 습지를 뜻한다. 하천습지는 하구를 제외한 내륙을 흐르는 강과 강의 주변에 위치한 습지이다.[5] 그리고, 해안습지는 동해, 서해, 남해 및 제주도를 포함한 도서지방 조간대에 존재하는 습지를 의미한다.[6]

2) 람사협약에 따른 습지 분류

람사협약에 의한 습지는 지리적 위치와 자연적으로 형성된 것인지, 인공적으로 이루어진 것인지에 따라 분류한다. 즉, 람사조약의 습지 분류 체계는 내륙습지, 해안습지, 인공습지 등 3가지로 분류하고 있다. 그 형태는 해안을 따라 위치한 작은 만(bays), 해협(sounds) 또는 석호(lagoons) 등으로 구분한다. 해안습지(coastal wetlands)는 갯벌뿐만 아니라 해수욕장이나 작은 자갈로 이루어진 해변가도 해안습지의 한 형태로 구분한다.

하구습지는 강이나 하천에서 흘러가는 담수가 해안지역으로 가서 바다의 염분수와 혼합되는 지역에서 형성되는 습지이다. 이곳에는 대개 널따란 삼각주가 만들어져 있다. 대표적 사례로 낙동강하구습지를 들 수 있다.

하천형 습지는 수로 안에 있는 모든 습지를 일컫는다. 예를 들면, 김해 화포천은 낙동강 배후 자연습지이자 국내 최대 하천형 습지에 속한다. 생태환경이 잘 조성된 습지는 희귀한 동식물이 서식하고 있는 공간으로서의 의미가 있다. 대표적인 사례로 화포천 습지를 들 수 있는데, 우리나

5) 호소습지: 물을 저장 해 놓은 저수지내에 존재하는 습지, 소택습지: 배후습지 및 높은 산에 존재하는 고산습지

6) 하구습지: 바다로 흘러드는 모든 강의 하구에 존재하는 습지, 호소 및 소택습지: 석호, 즉 해안이 사주에 의해 막혀 형성된 호소

라 하천형 습지보호지역 중에 가장 많은 멸종위기 야생생물(13종)이 사는 습지로 평가받고 있다. 특히, 희귀식물(5종)을 포함한 812종의 생물종이 서식하고 있는 생물다양성이 우수한 지역으로서, 식물(422종), 조류(77종), 곤충(175종), 어류(26종), 포유류(15종), 양서류(10종), 파충류(8종), 저서성무척추동물(79종) 등이 서식하고 있다. 화포천 습지는 일본에서 인공부화된 후 방사된 멸종위기 야생생물 Ⅰ급인 황새(일명 봉순이)가 도래한 곳으로도 유명하다. 화포천습지는 자연상태의 하천습지 원형이 잘 보전돼 있어 2017년 11월 환경부의 국가습지보호지역으로 지정됐다.

호수형 습지는 물이 고여 있는 지역으로, 그 넓이가 8ha를 초과하는 지역으로서, 비교적 넓은 면적의 물을 담고 있는 습지를 호수형 습지로 구분한다. 호수형 습지와는 달리 상대적으로 작은 면적에 비교적 낮은 수심을 나타내는 특성을 나타내는 것이 소택형 습지이다. 소택형습지는 람사협약의 분류체계에서는 인공습지(artificial wetlands)를 습지 유형으로 포함하고 있다. 람사협약에서 제시하고 있는 인공습지에는 양식장이나 수중생물을 배양하는 연못(aquaculture ponds)과 일반적으로 연못으로 구분한다. 일반적인 연못에는 농작물 경작을 위한 연못이나 가축을 기르기 위한 연못, 작은 물탱크 등을 포함하는 데 일반적으로 8ha를 넘지 않아야 한다. 그리고 관개 지역(irrigated land)으로 관개수로나 논을 포함하고 있는데 우리나라의 대표적인 습지인 논은 인공습지로 분류된다.

논습지는 최근 람사르 총회에서 '습지 시스템으로서 논의 생물다양성 증진결의문(Enhancing biodiversity in rice paddies as wetland systems)'이 채택되면서 논을 활용한 생물다양성 증진에 대한 관심이 높아지고 있다(Ramsar, 2008). 또한, 습지는 생산(production), 제어(regulation),

서식지(habitat), 정보(information) 등 4가지 분류 속에 홍수조절, 지하수 보충, 제방안정화, 영양물질 침전 및 이동, 수질 정화, 생물다양성, 제품생산, 문화보전, 레크레이션, 기후완화 등 다양한 생태계서비스 기능을 제공하는 것으로 알려져 있다(Maltby, 2009; Ramsar, 2014).

3) 습지의 기능과 가치

람사협약에서는 습지 가지를 물리적, 생물학적, 화학적 구성요소, 토양, 물, 식생, 동물 간의 상호작용으로 물 저장, 홍수억제, 호안의 안정성 확보 및 침식조절, 지하수 보충 및 유지, 수질정화, 그 외에도 지역기후환경의 안정화 등으로 제시하고 있다. 습지의 구체적인 기능과 가치는 다음과 같이 구분할 수 있다(김성봉, 2008).

(1) 수질오염물질 정화 기능

습지에 서식하는 동식물, 미생물과 습지를 구성하는 토양은 주변으로부터 유입되는 각종 오염된 물을 흡수하여 오염물질을 정화시킨 후 깨끗한 물로 바꾸어 흘려보낸다. 습지의 이러한 자정작용은 습지가 인간을 포함한 모든 생물에게 매우 중요한 역할을 하고 있다.

(2) 지하수 저장 및 충전 기능

습지는 표면유출수를 효과적으로 흡수함으로서 지하수위를 보충시켜준다. 그리고 습지를 구성하는 식물의 뿌리는 토사를 붙잡아 고정시키면서 하천 및 해안의 침식을 방지하고, 토양을 보전함으로써 하천수의 저장, 정화기능을 수행하고 있다.

(3) 생물종 다양성이 풍부하고 다양한 서식환경을 제공

습지 내 풍부한 플랑크톤이나 유기성 분해물질은 수서 곤충이나 어패류의 먹이를 제공하고 수서곤충이나 어패류는 온갖 조류나 양서류, 소형 포유동물의 먹이가 된다. 이러한 물질들은 뱀, 악어 등의 파충류나 물소, 사슴 등의 동물들을 불러 들여 큰 규모의 먹이사슬을 형성하고 좋은 서식환경을 제공한다. 더욱이 습지는 지구상 그 어느 지역보다 생물학적 생산성이 높은 곳 중 하나이며, "지구 생명의 신비와 질서"를 잘 간직하고 있는 곳으로 평가받고 있다.

미국의 경우 현재 멸종위기에 처하거나 위협을 받고 있는 생물종의 약 1/3 이상이 습지생태계에서만 발견되고, 미국을 거쳐 가는 철새의 50% 이상이 습지 지역에 서식하거나 둥지를 틀고 있는 것으로 분석하였다(김성봉, 2008). 그리고 전체 생물의 거의 절반이 습지생태계에 의존한다고 보고되고 있다.

(4) 경관적 가치와 레크리에이션 기능

습지는 물과 함께 다른 경관과 시각적으로 구분할 수 있는 독특한 경관 형태를 자아내고, 지역의 문화적 가치와 함께 생명력이 넘치는 지역주민들의 휴식 공간으로 인류사회의 정서적인 풍요한 삶의 질을 높이는 중요한 역할을 하고 있다. 이러한 내용을 기반으로 자연교육 및 체험 장소로 활용되고 있다.

그리고, 습지는 사냥, 낚시, 보트놀이, 조류관찰, 사진촬영 등을 즐기는 사람들에게 야생생물의 다양성과 미적 아름다움 등 휴양가치 등을 제공하는 레크리에이션 기능을 지니고 있다.

이와 같은 습지의 자연경관과 레크리에이션 기능은 주변 지역의 자연환경 가치를 보다 높게 하여 지역주민들의 정서안정과 휴양가치, 그리고 쾌적한 삶의 질을 높인다.

(5) 생산적 기능

습지는 인간이 필요로 하는 어패류 등과 같은 식량자원과 땔감, 사료 등 생활용품을 제공한다. 지구상의 약 10억의 인구가 어류를 통해 단백질을 섭취할 뿐만 아니라 아시아지역에서는 습지식물인 벼를 재배하여 쌀을 생산하기도 한다.

(6) 홍수와 가뭄 등 자연재해 완화기능

습지의 토양은 단위의 부피 당 보유할 수 있는 물의 양이 많고 자연적으로 형성된 배수관개로가 복잡하고 조직적이어서 우기나 가뭄 때 필요한 자연 댐의 역할을 한다. 습지를 구성하는 식물의 뿌리는 토사를 붙잡아 고정시키면서 해안 또는 하안의 침식을 방지하고 홍수의 피해를 최소화시킬 수 있는 완충지의 역할을 한다. 또한 도시 지역 내 하천 주변의 습지는 포장된 도로 또는 건물에서 유출되는 표면수로 인해 발생 될 수 있는 범람의 피해를 줄이는 등 자연재해 완화 기능을 갖고 있다.

(7) 기후 조절기능

습지는 거시적으로는 대기 중으로의 탄소의 유입을 차단하여 지구온난화의 주범인 이산화탄소의 양을 적절히 조절해 주며, 미시적 측면

에서는 대기온도 및 습도 등을 조절하는 국지적 기후 조절기능을 가진다.[7)]

(8) 경제적 가치

습지에서 미생물, 곤충 등 자연적으로 형성된 먹이사슬은 물새와 어류, 저서생물의 먹이를 제공하고 어업 및 수산업의 산실로서 전 세계 어획고의 2/3이상이 해안과 내륙습지의 이용과 관련되어 있어 막대한 수입원이 된다. 그 외에도 지역에 따라서 농업, 목재 생산, 이탄과 식물자원 등의 에너지 자원, 야생동물 자원, 휴양 및 생태관광의 기회 제공 등으로 매우 높은 경제적 가치를 제고시킨다.

또한 습지의 경제적 가치는 정확한 정량화가 어렵지만, 수자원의 확보와 적정 유지에 기여함으로써 댐 건설 등과 같은 수자원 개발 및 관리와 관련된 비용을 절감시켜준다. 그리고 수질을 정화하여 환경오염에 따른 하수처리시설 설치와 운영에 소요되는 비용 절감효과를 나타낸다.

(9) 습지의 생태계 서비스

인간이 생태계에서 얻는 모든 직간접적 혜택들을 생태계서비스라 한다. 생태계는 인류에게 식량, 에너지뿐만 아니라 정서, 문화적 요소에 이르기까지 다양한 서비스를 제공한다. 생태계가 훼손되면 생태계 서비스도 영향을 받고 이에 따라 인류의 삶도 영향을 받게 된다. 생태계서비

---

7) 습지와 하천·호소 등에서 이산화탄소(CO_2)를 흡수하여 고정시키는 효과를 추정한 결과, 갈대 등 수생식물을 식재하여 이미 훼손된 습지를 복원하거나 새로운 습지를 조성할 경우 $1m^2$당 연간 약 3.6kg정도이고, 하천과 호소의 경우 식물성 플랑크톤의 광합성 작용에 의해 $1m^2$당 연간 약 0.5kg 정도이다(김성봉, 2008).

스는 다음의 4개 기능을 갖고 있다(강혜순, 2015).

① 광합성 산물, 양분순환, 토양 형성 등을 통한 지원서비스
② 식량, 연료, 수자원, 유전자원 등의 공급서비스
③ 기후조절, 홍수조절, 질병조절, 수분매개 등의 조절서비스
④ 문화, 휴양, 교육 등을 통한 문화서비스

생태계서비스가 작동한다면 인간복지에 크고 작은 긍정적 결과를 가져온다.[8] 생물다양성으로 창출된 다양한 생태계서비스가 인간의 존속을 가능케 한다. 수많은 생물이 그물처럼 얽혀 먹고 먹히는 와중에 인간을 비롯한 모든 생물의 생명유지에 필수적인 다양한 편익을 제공한다. 다양한 생물이 없어서 생태계서비스가 창출되지 않는다면, 맑은 물과 신선한 공기의 공급, 비옥한 토양의 보전, 곤충의 활동이 모두 불가능하다.

최근 생태계서비스가 악화되는 경우 서비스를 향상시키는 방향으로 관리하여 인간복지를 도모하는 활동을 많이 하고 있다. 예를 들어 벌목 등으로 토양침식이 심해지고 수생태계가 오염되면 숲을 만들어 토양침식을 제어하거나 수생태계를 정화시키는 등이다. 생태계서비스를 유지하기 위해 생물다양성을 복원하는 분야에도 관심을 쏟고 있다. 보전지역을 새로 설정하거나 확장하거나 연결하여 생물 서식지를 확보하는 활동이 그러하다(강혜순, 2014).

---

8) 인간복지는 다음 5개 요소로 평가된다(강혜순, 2015): (1) 개인적, 자원접근, 재앙대비 안전성 등 안정성, (2) 적절한 생계, 영양가 있는 식품, 주거지, 물자접근성 등 풍족한 생활을 위한 기본물자, (3) 강건함, 평안함, 깨끗한 물과 공기에 대한 접근성 등 건강성, (4) 사회적 응집력, 상호존중, 이타적 능력 등 양호한 사회적 관계, (5) 인간다운 선택과 활동의 자유

Ⅲ. 생물다양성

1. 생물다양성 위기

1992년 브라질 리우데자네이로에서 개최된 UN환경개발회의에서 생물다양성협약(Convention on Biological Diversity)을 채택하였다. 이 협약 제2조는 생물다양성을 '지구상의 생물종 다양성, 생물종이 서식하는 생태계 다양성, 생물이 지닌 유전자 다양성'으로 정의하고 있다. 우리나라는 생물다양성법 제2조에서 생물다양성을 '육상생태계 및 수생생태계와 이들의 복합생태계를 포함하는 모든 원천에서 발생한 생물체의 다양성, 종내·종간 및 생태계의 다양성을 포함'하는 것으로 정의하고 있다(환경부, 2019).

생물다양성은 생태계를 유지하는데 필수적인 요소이다. 풍부한 생물종을 품은 자연은 영양염류의 순환, 물의 순환을 통한 기상조절, 폐기물의 처리 및 정화 작용과 더불어 생물과 생물, 생물과 서식처 사이의 끊임없는 상호작용을 통해 환경변화에 잘 적응하며 생태계의 항상성을 유지하는데 기여하기 때문이다(조승헌, 박용하, 김승우, 최용재, 1999). 그러나 유엔환경계획(UNEP) 산하 정부 간 국제기구인 생물다양성과학기구(Intergovernmental Science-Policy Platform on Biodiversity and Ecosystem Services: IPBES)의 '제5차 지구생물다양성전망 보고서'에 따르면 1970년에 비해 현재 야생생물의 개체수는 ⅓만 남았으며, 지속적으로 유전자 다양성도 감소하고 있을 뿐 아니라 생태계의 서비스 능력도 감소하고 있다고 한다. 특히, 최근 몇 십년간의 뚜렷한 생물다양성 감소 추세는 미래에 자연이 제공할 수 있는 능력이 점차 훼손되고 있다고 경고하고 있다(WWF, 2020).

이와 같은 생물다양성의 위기는 우리나라도 예외가 될 수 없다. 생물다양성협약 당사국인 우리나라는 '국가생물다양성전략'을 수립하여 생물다양성의 보전과 그 구성요소의 지속가능한 이용을 위한 법정전략을 5년마다 수립하고 있다. 현재 4차 국가생물다양성전략(2019~2023년)에 따르면 도시지역의 확대로 인해 서식지 감소 및 파편화가 지속되고 있으며, 이에 따라 생물다양성 감소가 계속될 전망이다. 또한 산림 등 자연녹지와 갯벌, 연안 습지 등 연안 지역의 토지전용 및 개발이 계속되고 있어 다양한 생태계의 훼손이 심화될 전망이다.

2. 생물다양성 정의 및 기능

생물다양성(biodiversity)은 생물학적 다양성(biological diversity)을 줄인 말로 생물이 지닌 유전자(gene) 다양성, 일정 지역 내에 존재하는 생물 종(species) 다양성, 생물이 서식하는 사막, 습지대, 산, 호수 등과 같은 생태계(ecosystem) 다양성을 모두 종합한 개념이다. 이는 다양한 형질(유전적 다양성)을 가진 여러 종(생물종 다양성)이 모여서 다양한 형태의 생태계(생태계 다양성)를 형성함으로써 그 종과 생태계가 알맞은 기능을 담당하며 안정적으로 유지되는 것을 의미한다. 따라서 생물다양성은 생태계의 건강한 정도를 판단하는 지표가 되는데, 생물다양성이 낮으면 생태계의 평형이 쉽게 깨져 물질 순환이나 에너지 흐름에 이상을 초래한다. 반면 생물다양성이 높으면 먹이 그물이 복잡해져 몇몇 종이 사라져도 생태계의 평형이 잘 유지된다. 유전적 다양성은 앞으로 일어날 수 있는 환경 변화에 적응할 가능성을 내재하고 있고, 종 다양성은 인간의 의식주에 필요한 각종 자원들을 공급하는 역할도 한다. 생태계에는 다양한 생물학적 종이 모여 상호작용을 하며 살아가고 있다. 지구에 약 1,000만 종 이상의 생물이 존재하는 것으로 추정되며, 그중 180만여 종의 생물종이 발견되었다. 이렇게 다양한 생물이 지구상에 존재하는 것은 생태계를 안정적으로 유지하고 보전할 수 있는 밑바탕이 된다.

유전적 다양성(genetic diversity)은 어떤 생물학적 종의 개체군이 지닌 유전자의 종류, 종 내의 유전자 변이를 말한다. 예를 들어, 황새 개체군 내에 다양한 유전자가 있으면 새롭고 우수한 자손을 다양하게 생산할 수 있고 생태계의 환경 변화 시 생존율이 높게 나타난다. 그러나 유전자가 다양하지 못할 경우, 환경 변화에 적응하지 못하고 다시 멸종될 가능성이 크다. 따라서, 황새, 따오기 등 우리나라 멸종위기종을 복원할 경우, 유전적 다양성을 위한 노력이 반드시 필요하다.

생물 종 다양성(species diversity)은 한 생태계 내에 존재하는 생물의 전체 종수와 종의 균등한 분포 정도를 의미한다. 종 다양성은 단순히 종의 수가 많다고 해서 높은 것이 아니다. 즉, 일정 지역에 다양한 종이(종의 풍부도) 고르게 분포해야(종의 균등도) 종 다양성이 높다고 할 수 있다.

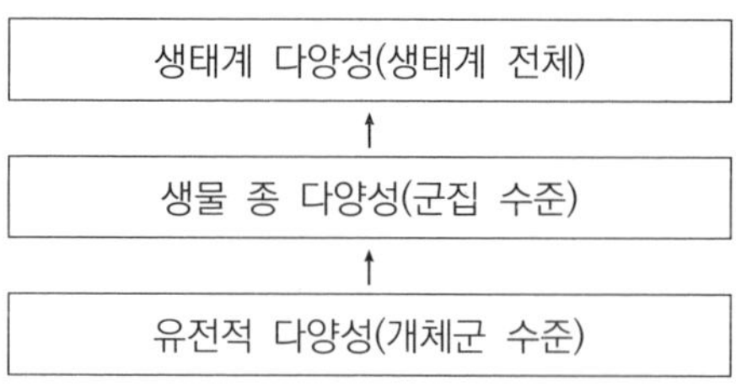

출처: 김성봉, 2008

생물 종 다양성은 인류가 이용할 수 있는 식량 자원의 원천으로서 '식물의 종자 다양성'과도 밀접한 관계가 있다. 종 다양성이 높을수록 먹이 그물이 복잡하게 형성되어 멸종 가능성이 낮아지고 그 결과 생태계의 안정성이 증가한다.

생태계 다양성(ecosystem diversity)은 얼마나 다양한 생태계가 있는지의 정도, 어떤 지역에 존재하는 생태계의 다양함을 의미한다. 생태계의 종류에는 열대 우림, 초지, 습지, 갯벌, 산호초 지역, 사막, 삼림, 호수, 강, 바다 및 농경지 등이 있다. 지구상에 존재하는 생태계는 강수량, 기온, 토양과 같은 환경 요인과 서식하는 생물의 특성 및 상호 작용에 의해 다양하게 나타난다. 생태계가 다양할수록 생물 종의 다양성이 높아진다. 따라서 갯벌처럼 해양 생태계와 육상 생태계가 공존하는 곳은 많은 생물이 서식한다.

생태계 다양성은 그 존재만으로도 생태적·문화적 가치를 지니며, 각 생태계는 제 각기 다른 기능을 함으로써 지구 환경을 안정화시키는 데 기여한다. 이처럼 생물 다양성은 인류에게 매우 중요하다.

생태계서비스의 토대가 되는 생물다양성의 기능은 지속가능한 개발 프레임워크에 통합되어 이해할 필요가 있다. 즉, 생물다양성은 식량과 영양, 보건, 환경적 지속성, 물과 관련한 이슈에서 직접적인 이익을 제공한다. 생물다양성과 생태계서비스는 토지황폐화의 영향을 감소시키고 재해 상황에서 보다 신속하게 복원할 수 있도록 하며, 물순환과 유전자원 다양성을 강화시켜 농촌 경제와 농가 소득을 개선하는데 기여할 수 있다.

특히, 유전적 다양성은 농업 시스템의 복원력(resilience)을 강화시켜 줌으로써 농업 생산성을 제고시킨다. 결과적으로 생물다양성 감소는 인간의 건강에 치명적인 영향을 끼친다(Campbell et. al., 2012; Langlois et. al., 2012). 토지황폐화(Land degradation)나 서식처 유실은 생태계시스템에 영향을 끼쳐 매개자 유래의 질병(Vector-borne disease)의 급격한 발병과 수인성 질병을 유발한다. 따라서 작물의 유전적 다양성을 증진시키고 자연 지역을 보존하는 것은 영양을 개선하고, 물리적 운동 공간을 제공하며 자연의 보건 정책에 통합시킴으로써 예방적 보건 조치로 기여할 수 있다(UNEP and CBD 2012).

생태계시스템은 물 순환 조절의 핵심으로 생태계시스템 복원, 숲과 습지 보존, 토양 유실방지 등을 통해 지속가능한 물 안보가 가능하다. 이뿐만 아니라 생물다양성은 개발과 고용, 빈곤 감소 이슈와도 수많은 상호이익이 있다(Barrett et al. 2011 and Lewis *et al.*, 2011).4)

생물다양성이 갖는 가치는 다음과 같이 정리할 수 있다.

첫째, 도구적 가치로서 식량, 연료, 목재, 섬유 등을 제공하는 가치(상품 가치)를 의미한다.

둘째, 생태적 가치이다. 광합성, 기후조절, 물 정화, 토양 보호 등의 생태계 서비스 기능을 갖는다.

셋째, 심미적 가치이다. 심미적 아름다움, 종교적 경외감등의 형태로 주는 가치를 내포한다.

넷째, 부가적 가치이다. 미래에 신약으로 개발될 잠재성 등과 같은 미래 가치를 의미한다.

경제 개발에 의한 생물 다양성 파괴 및 훼손 등 심각한 문제가 발생됨에 따라 국제적으로 람사르 협약, 세계문화유산 및 자연유산의 보호에 관한 협약(Convention for the Protection of the World Cultural and Natural Heritage),[9] 멸종위기에 처한 야생동식물종의 국제거래에 관한 협약(Convention on International Trade in Endangered Species of Wild Flora and Fauna, CITES)[10] 등을 통해 생물 다양성 보전을 추구하고 있다.

람사협약의 공식적 이름은 '물새 서식지로서 국제적으로 중요한 습지에 관한 협약'이다. 기본 목적은 생태·사회·경제·문화적으로 커다란 가치를 지니고 있는 습지를 보전하고 현명한 이용을 유도함으로써 자연생태계로서의 습지를 범국가적 수준에서 체계적으로 보전하고자 하는 것이다.[11]

CITES는 종에 초점이 머물러 있을 뿐 서식지 감소, 생태계적인 접근과 영향력 결핍 가능성에 대해서는 다루지 않는다는 한계점을 갖고 있다. 생물종 사용으로 인한 고갈을 막을 뿐이지 지속가능한 생물종 사용을 촉진하는 내용은 포함하지 않는다.

---

9) 세계 곳곳의 귀중한 문화유산과 자연환경을 보전하기 위한 국제적인 조약이다. 1972년에 유네스코 총회에서 채택되었다.

10) 1973년 절멸의 위험이 있는 야생 동물의 국제 거래를 규제하고 야생 동물을 보호하기 위하여 체결한 국제 조약으로서, 워싱턴에서 체결되어 워싱턴조약으로도 일컫는다.

11) 람사르 협약은 1971년 2월 2일 이란의 람사르(Ramsar)에서 채택되어 1975년 12월 12일 발표된 협약으로서, 물새의 서식지인 특히 국제적으로 중요한 습지를 관리하기 위한 국제 협약이다. 협약 당사국은 협약 가입 시 자국 영역 내에 1곳 이상의 적절한 습지를 지정하여 '국제적으로 중요한 습지목록'에 의무적으로 등록해야 한다. 당사국 총회는 람사르 협약에서 가장 중요한 의제를 의결하는 회의로 협약의 이행 정도와 향후 계획을 수립하기 위해 3년마다 개최된다. 우리나라는 1997년 3월에 가입했으며 협약의 이행을 위해 1999년 2월 '습지보전법'을 제정하였다.

3. 황새와 생물다양성의 가치[12)]

1900년대 초까지 사람들과 흔히 어울려 살았던 텃새 황새가 전쟁과 산업화의 과정을 겪으며 급속히 감소하다 1994년 마지막 황새로 알려진 황새의 죽음 이후, 2020년 현재 복원된 황새의 개체 수는 210여 마리에 이른다(황새생태연구원, 2020).

황새의 한반도 야생 복귀를 위해 황새서식의 최적지로 충남 예산이 선정되었고, 2010년 예산황새공원이 조성되었다. 황새복원 대상지로 선정된 이후 예산군 주민들은 황새를 위한 친환경농업을 시작하였다. 예산군은 황새 서식지 마련을 위해 농경지를 습지로 전환시키고, 하천을 복원하였다. 2015년 9월 처음으로 황새 8마리가 자연에 방사된 이후 2020년 8월 현재까지 약 60마리의 황새가 자연으로 복귀했다(예산황새공원, 2020).

생물다양성은 생태계를 유지하는데 필수적인 요소로, 풍부한 생물종을 품은 자연은 영양염류의 순환, 물의 순환을 통한 기상조절, 폐기물의 처리 및 정화 작용과 더불어 생물과 생물, 생물과 서식처 사이의 끊임없는 상호작용을 통해 환경변화에 잘 적응하며 생태계의 항상성을 유지하는데 기여한다(조승헌 등, 1999).

생태계 피라미드 최상위 포식자인 황새는 논을 포함한 습지에서 먹이를 구한다. 따라서 텃새 황새를 복원하기 위해서는 황새 서식지도 복원하여야 하며, 황새를 둘러싼 생태계 피라미드의 하위 계층도 건강함을 유지하여야 한다.

생태계 훼손과 생물다양성의 감소가 심화되는 가운데 사라졌던 텃새

12) 이 장은 윤영선과 남영숙(2021a)을 바탕으로 작성하였음

황새의 복원이 갖는 상징성은 특별하다고 할 수 있다. 개체 복원에 성공하여 야생에 방사되고 있는 황새의 자연 복귀는 생물다양성이 살아있는 건강한 생태계의 바로미터가 될 수 있기 때문이다. 또한, 재도입 황새가 안정적으로 자연에 복귀한다면 생물다양성 증진을 위한 국가적 전략의 성공적인 모델이 될 수 있을 것이다. 그리고 무엇보다 황새의 야생 복귀를 위한 노력은 곧 생물다양성의 보전 및 증진을 위한 노력이자, 건강한 생태계의 지속가능성을 위한 노력이라 할 수 있다. 따라서 구체적인 생물종 황새를 통해 우리에게 필요한 책임과 배려가 무엇인지 성찰할 수 있을 것이다.

2050 비전으로 향하는 다양한 경로를 헤쳐 나가는 데는 인간과 자연의 관계에 대한 전반적인 측면과 그 관계에 부여된 중요성에 대한 고려가 포함된다. '지구의 유전적다양성, 생물종, 생태계의 보전', '인간 사회에 물질적인 혜택을 제공하는 자연의 수용력', 그리고, 두드러져 보이진 않지만 높은 가치를 지닌 '우리의 정체성, 문화 및 신념을 정의하는 데 도움을 주는 자연과의 연결성'을 동시에 다룰 수 있는 통합적인 접근법에 기반한 해결책을 찾아야 한다(생물다양성협약 사무국, 2020). 그 해결책으로서 생물다양성을 보전 및 복원하려는 노력은 지역 상황을 고려한 접근법을 기반으로 모든 수준에서 확대되어야 한다. 즉, 잘 연결된 보호구역, 기타 효과적인 지역기반 보전조치, 훼손된 서식지의 대규모 복원, 내수수역, 연안 및 해양뿐 아니라 농업 및 도시 경관에 걸친 자연 상태의 개선에 있어서 그 규모와 효과성이 크게 증진될 수 있도록 통합되어야 함을 강조한다(생물다양성협약 사무국, 2020).

Ⅳ. 지속가능발전과 SDGs에서의 생물다양성

1. 지속가능발전 개요

지속가능발전의 논의는 산업혁명 이후 자본주의 경제의 세계적인 확산에 따른 무분별한 경제성장이 인류의 환경과 사회적 균형 파괴로 인한 문제들이 대두되면서 출발하였다. 이러한 지속가능발전의 개념은 1972년 유엔인간환경회의로 시작하여 2015년 지속가능발전목표(Sustainable Development Goals, SDGs) 17개를 제시하기까지의 변천과정을 거쳐서 세계적인 화두로 이끌어 왔다.

지속가능발전(sustainable development)은 1987년 유엔세계환경발전위원회(WCED)가 발간한 '우리 공동의 미래'에서 사용한 개념이다. 일명 브룬트란트 보고서에서 "지속가능한 발전은 미래 세대의 욕구를 충족시킬 수 있는 능력을 저해하지 않으면서 현 세대의 욕구를 충족시키는 발전"으로 정의하였다.

이후 1992년 브라질 리우에서 개최된 '환경적으로 건전하고 지속 가능한 개발(Environmentally Sound and Sustainable Development, ESSD)'은 환경 보전과 경제 발전 그리고 사회 발전을 조화시켜 현 세대 인류의 삶의 질을 향상시키고 이것이 미래 세대에게 전달되기를 지향한다. 지속가능발전의 중추가 되는 세 가지 영역으로 경제개발, 환경보전, 사회발전의 상호 연계 고리를 강화하기 위하여 지역을 포함한, 국가적, 국제적 차원에서 공동의 책임을 질 것을 약속한다고 명시하고 있다(정철, 2018).

환경 문제에서 비롯된 위기를 인식하면서 시작된 지속가능발전은 환경, 사회, 경제의 3가지 요소들의 상호 의존관계를 이해하고 환경의 문제를 해결하는데 있어 환경적 관점만이 아니라 사회적, 경제적 관점을 고려해야 한다는 것을 핵심으로 하고 있다. 이 의미는 지속가능발전을 통해서 모든 사람들의 기본욕구를 충족시키고 더 나은 삶에 대한 열망을 달성할 수 있는 기회를 지구 전체로 확장하여야 한다는 의미가 담겨 있다.

2. UN-SDGs와 생물다양성

지속가능발전목표(SDGs)는 2016~2030년 지구상의 모든 국가가 공동으로 추진해 나갈 목표이다(그림 1-3). SDGs는 2015년 제70차 유엔총회에서 채택되었으며, 선진국, 개발도상국, 저개발국을 포함한 모든 국가들이 환경, 경제, 사회를 망라하여 지속가능발전을 위하여 나아가야할 방향과 목표를 담고 있다. 이는 유엔이 2030년까지의 국제사회 발전 방향성을 제시하기 위해 채택한 의제이며, 각국 공통의 지속가능발전 위협요인들을 함께 완화하기 위한 글로벌 아젠다이다. 즉, SDGs는 빈곤, 질병, 교육, 성평등 등의 인류의 보편적 문제, 기후변화, 에너지, 환경오염, 물, 생물다양성 등의 지구 환경문제, 기술, 주거, 생산과 소비, 사회구조, 법제도 등의 경제 사회문제 등 17개 주 목표(Goal)와 169개 세부목표(target)를 포함하고 있다(정철, 2018).

새천년발전목표(Millenium Development Goals, MDGs)가 극심한 빈곤을 종식시키기 위한 의제로서 개발도상국을 중심으로 하는 사회발전에 중점을 두고 모표를 설정했던 반면, SDGs는 모든 형태의 빈곤과 불평등 감소에 대한 의제로서 선진국, 개발도상국, 후진국 등 모든 국가들의 사회발전 뿐만 아니라 경제개발과 환경보전에도 비중을 두고 있다.

SDGs는 새로운 개발의제의 기본 정신이자 키워드로 17개 목표를 사람

(People), 지구환경(Planet), 번영(Property), 평화(Peace), 파트너십(Partnership) 등 5P로 구조화할 수 있다(정철, 2018). 첫 번째 사람은 모든 크기의 형태의 빈곤과 기아의 종식, 모든 인간이 존엄과 평등 및 건강한 환경을 누리며 잠재능력 실현 보장한다. 두 번째, 지구환경에서는 현재와 미래 세대의 요구를 충족시키기 위한 지속가능한 생산과 소비, 지속가능한 자연자원의 관리 실현, 기후변화에 대한 긴급조치를 통해 지구보호 등의 목표를 내포한다. 세 번째, 번영은 모든 인간이 번영과 성취의 삶을 누리고, 자연과 조화로운 경제, 사회, 기술의 진보를 보장하는 것이다. 네 번째, 평화는 공포와 폭력으로부터 자유롭고, 평화롭고, 공정하며 포괄적인 사회 육성, 평화를 통한 지속가능발전 달성을 목표로 한다, 마지막으로 파트너십은 가장 가난한 이들과 가장 취약한 이들을 위한 세계적 연대감을 다지는 지속가능한 글로벌 파트너십에 입각하여 모든 국가, 모든 이해당사자들, 모든 사람들의 참여를 통해 현 아젠다의 이행에 필요한 수단들을 동원하는 것을 포함한다.

국내 차원에서도 국제사회의 공동목표를 달성하기 위해 2018년에 한국형 지속가능발전목표(K-SDGs)를 수립하였다. 지역차원에서도 SDGs를 수립한 자방자치단체 사례들도 있다.

[그림 1-3] SDGs의 17개 목표

SDGs의 생물다양성을 살펴보면, SDGs의 17개 목표들 중 생물다양성 관련 내용을 포함하고 있는 목표들은 목표14와 목표15이다. 목표14에서는 지속가능발전을 위한 해양・바다・해양자원 보존과 지속가능한 사용을 강조하고 있는데, 해양자원의 남획에 따른 식량 생산의 감소, 생태계의 기능을 손상 시키며 생물 다양성을 감소를 포함하고 있다. 목표15는 육지생태계 보호와 복구 및 지속가능한 수준에서의 사용 증진 및 산림의 지속가능한 관리, 사막화, 대처, 토지 황폐화 중단 및 회보 및 생물다양성 손실 중단을 내용으로 하고 있다.

세계야생생물기금(World Wild Fund for Nature International, WWF)에 따르면 지난 35년 간 전 세계 야생생물의 1/3이 멸종했고, 이중 60%가 빈곤한 열대지역에서 발생한 것으로 보고되었다(WWF, 2010). 한편으로는 1970년대와 비교해서 2000년대 현재 지구상의 척추동물 종의 50%가 멸종한 것으로 추정되고 있다(Chivian and Berstein 2008; Thomas *et al.*, 2004). 자연의 수용 한계를 극명하게 보여주는 지표가 생물 종의 멸종인데, 생물학자들은 20세기 후반에 들어와서 멸종 속도가 이전 세기보다 1,000~10,000배가 빨라져서 6천5백만 년 전 공룡의 멸종 이후로 가장 빠른 속도로 생물 종이 멸종해가고 있다고 우려하고 있다(이민호, 전성우, 2015에서 재인용). 국제적 수준의 과학자들의 연구결과에 힘입어 1992년 브라질 리우데자네이루에서 개최된 유엔환경개발회의(UNCED)에서 생물다양성협약이 채택되었고 이로부터 20년 뒤인 2012년에 Rio+20 회의에서 지속가능성과 인간의 웰빙을 위해 생물다양성과 생태계서비스가 핵심 역할을 하고 있음을 재확인하였다(이민호, 전성우, 2015). 그리고 생물다양성 격감은 식량안보, 영양과 물 공급, 보건에 부정적인 영향을 끼치므로 지구적 개발을 저해하는 요인이 된다는 점을 강조하고,

생물다양성을 포함하여 생태계 서비스체계가 붕괴될 경우 인간의 생존도 크게 위협받을 수밖에 없다며 생물다양성 보존과 지속가능한 이용에 관한 글로벌 목표 이행을 촉구하였다(이민호, 전성우, 2015).

2015년까지 추진되어 온 MDGs는 생물다양성을 위한 2010년까지 목표였던 '생물다양성 감소율의 유의적인 축소'를 달성하지 못한 결과를 초래하였다. 이에 따라 전 세계의 생물다양성 보존 관련 기구들에서는 생물종의 멸종 위기를 막기 위한 SDGs를 어떻게 설정해야 할지에 심각한 고민을 할 수밖에 없었다. 국제적으로 중요한 보존 지역도 완전히 보존되지 못하고 있고, 이로 인해 다수의 생물 종이 멸종 위기 또는 개체수 감소가 진행 중이다(UNDG, 2010).

생물다양성은 생태계가 제공하는 생명의 기초이며 필수적인 서비스이다. 이는 농업, 임업, 수산업 및 관광업을 포함한 모든 활동 분야에서 사람의 생활과 지속가능발전의 근본이다. 생물다양성 손실을 방지하거나 복원하는 것은 인간의 삶과 복지에 투자하는 것과 같다(박종근, 2015).

생물다양성에 대한 가장 위험한 요소는 서식지 파괴이다. IUCN에 따르면, 서식지 질의 저하와 파괴는 멸종위기종 중 조류의 86%, 포유류의 86%, 양서류의 88%를 위협한다. 이러한 측면을 고려할 때 서식지 보호는 생물다양성에 중요한 의미를 부여한다. 다음은 생물다양성의 대표적인 서식지인 습지의 지속가능한 활용에 대해 알아보겠다.

V. 지속가능한 습지 활용 사례

1. 습지를 활용한 환경교육방안

최근에는 지속가능발전교육의 측면에서 황새를 활용한 프로그램 개발(Ryu & Nam, 2018; 류학렬, 2019), 환경 교육과정에서 황새복원의 내용요소 분석(문성채, 김수경, 남영숙, 2019)과 같이 황새를 환경교육의 영역으로 가져오는 연구가 시행되었다. 이러한 연구들은 황새의 서식지로서의 습지관련 내용에 초점을 맞춘 연구는 아니다. 황새와 연계한 연구의 한 방법으로 옛날부터 인간과 조화를 이루며 살아왔던 황새의 구체적인 스토리를 통합교과 학습내용과 연계하여 환경교육에 활용방안을 강구하는 연구도 진행되었다(윤영선, 2021).

황새 서식지를 학교현장에서 접목시킨 연구(윤영선과 남영숙, 2021)도 진행되었다. 황새의 작은 생물서식지로서의 학교습지인 비오톱을 활용한 환경교육 프로그램을 개발하였다. 특히 이 연구에서는 학교 습지 비오톱의 활용성을 고찰하고 환경교육에서 갖는 의미와 연관성을 도출하였다. 그리고 이를 바탕으로 초등학교 전체학년에서 활용할 수 있는 환경교육 프로그램을 개발하였다. 개발한 프로그램은 환경교육 핵심요소를 반영하여 총 17차시로 구성되었으며, 황새라는 구체적인 학습소재와 학교시설로서 습지 비오톱이라는 구체적인 장소를 연계하여 체험과 실천을 경험할 수 있도록 하였다. 이를 통해 자연과의 공존을 위한 환경교육을 도모하고, 내용의 체계성과 연속성을 확보하여 내실 있는 환경교육을 추구할 수 있을 것이다.

환경윤리학영역에서 생물다양성에 대한 관심이 고조되고 있다(노희정, 2003). 생명체의 파괴가 인간의 생존마저 위협하기에 이르렀다는 자각에서 연유하며 다양한 생명체들이 공생하는 자연환경이 건강하고 지속력이 강하다는 생태학적 지식에 기초한 것으로 보인다. 현재까지 1억년에 1회 정도로 5회에 걸쳐 일어난 지구 규모의 대량 멸종사건들은 자연적 사건들이었다. 그런데 현 세대에서 발생되고 있는 생물 종의 멸종은 과거와는 달리 인간이 직·간접적으로 연루되어 있다는 점에서 문제의 심각성을 찾고 있다. 이런 점들은 생물다양성의 문제가 생물학적 관점만이 아니라 자연에 대한 인간의 가치관과 태도를 다루는 윤리학적, 도덕교육적 관점에서 논의되어야 함을 보여주는 것이다(노희정, 2003).

2. 람사습지도시 인증제도

'람사습지도시'란 습지의 보전과 현명한 이용에 참여하는 도시 또는 마을을 3년마다 개최하는 람사협약 당사국총회에서 인증하는 제도이다. 환경부가 2011년 제안하여 튀니지와 공동 발의한 것으로서, 2015년 제12차 람사총회에서 채택됐다. 이 제도는 람사협약 취지와 목적에 따라 습지를 잘 보전하면서 지속가능하고 현명하게 이용하고, 지역사회에 사회경제적 혜택과 이익 제공을 활성화하고자 도입된 것이다.

습지에 관한 국제협약인 람사협약에서는 지속가능발전을 위하여 습지의 보전과 함께 습지의 홍수조절 · 수질정화 · 어업 및 농업생산 기능, 휴양과 생태교육 · 관광 기능 등 다양한 생태계 서비스 기능을 현명하게 최대한으로 이용할 수 있도록 촉구하고 있다.

람사습지도시로 인증 받은 도시로는 제주시, 순천시, 창녕군, 인제군 등이 있다. 제주시는 람사습지 도시를 추진하면서 제주도습지보전종합계획을 수립하고 습지보전조례를 제정하였다. 또한 동백동산 습지 등 지역 주민들의 동백동산습지센터의 운영과 역량강화에 적극적인 참여가 좋은 평가를 도출하게 되었다.

순천시는 순천만 습지를 관리하기 위해 도시계획 차원에서 완충지역(생태보전지구)을 지정하는 등 지역주민과의 협의를 통하여 습지보전이 도시 관리의 주요 목표로 설정하였다.

창녕군은 멸종위기 야생생물 따오기 재도입을 위하여 우포늪 지역 주민, 창녕교육지원청, 낙동강유역환경청과 협의체계를 구축하여 논습지를 조성하고 생태 모니터링 등을 시행하였다.

람사습지 도시로 인증 받은 지역은 국제사회가 인증하는 '람사' 브랜드를 6년간 사용할 수 있으며 이후 재인증 여부에 따라 그 권한이 연장될 수 있다. '람사' 는 국제사회에서 인지도와 신뢰도가 높은 브랜드로 지역 친환경농산물이나 생산품 판촉, 생태관광 활성화, 국내외 홍보 효과 등 장점을 누릴 수 있다. 습지보전이용시설, 생태관광 기반시설 확충 등 '람사습지 도시' 인증기준을 유지할 수 있도록 국가가 지원하기도 한다(환경부, 2020).

3. 습지의 생태공원 조성 및 환경교육장 활용

습지를 조성하여 생태교육학습장으로 활용하는 좋은 사례들도 있다. 예를 들면, 전남은 광역자치단체 수준에서 국제람사협약 습지로 공식 등록된 순천, 보성, 무안, 진도 등 4곳의 연안습지에 생태교육학습장을 조성하였다. 아름다운 갯벌을 개발하여 관광자원화하며, 체계적 습지 보존을 통해 무분별한 개발로부터 갯벌을 보호하는 한편 환경 교육의 장으로도 활용하고 있다.

제천 솔방죽은 제천 의림지 1.5km 떨어져있는 인공호수로서 담수면적 28,000m^3, 1872년 이전에 축조되어 방치되었음. 2005~2006년에 습지생태공원으로 조성하였다. 부들, 갈대, 노랑꽃창포 등 280여종의 야생화와 수생식물이 자생하고 있다. 이들 식물은 수질정화습지로서의 기능을 갖고 있다. 또한 청중오리와 흰뺨검둥이 등 조류유도구역를 조성하였으며, 곤충 등을 관찰할 수 있는 공간도 조성하여 생태학습장으로 활용되고 있다(남영숙, 배명순, 박현수, 2019).

참고문헌

강혜순(2015). 인간생태학의 필수 요소인 생물다양성의 보전. 인간연구(30), 87-108.

구본학(2018). 습지생태학. 도서출판 조경.

김성봉(2008). 습지와 환경자원.

남영숙(2018). 기후변화와 여성. 시그마프레스.

남영숙, 배명순, 박현수(2019). 충청북도 습지보전 조례 제정을 위한 기초연구. 충북지속가능발전협의회 정책보고서.

노희정(2003). 생물다양성의 가치와 도덕교육. 철학연구, 86, 115-137.

박종근(2018). 생물다양성과 생태계. 지속가능한 사회와 환경. 서울: 시그마프레스.

생물다양성협약 사무국(2020). 제5차 생물다양성 전망. 정책결정자를 위한 요약서.

손진관, 성현찬, 강방훈(2011). 황새서식처 복원지역에서의 소택지 조성 적지선정 연구. 한국습지학회지 13(1), 95 - 104.

윤영선(2021). 책임윤리 기반의 황새 스토리 구성 및 환경교육 프로그램 개발 －초등학교 1～2학년 통합교과를 중심으로－, 한국교원대학교 석사학위논문.

윤영선, 남영숙(2021). 학교 습지 비오톱을 활용한 환경교육방안 연구. 녹색교육환경연구회.

이민호, 전성우 (2015). Goal 15 - 육상 생태계의 보전, 복원 및 지속가능한 이용 증진, 지속가능한 숲 관리. 사막화와 토지 파괴 방지 및 복원, 생물다양성 감소 방지. 연구보고서, 289-307.

정철, 임수정, 김윤지, 박종근, 이규철, 조성화, 남영숙, 이상원, 신지혜, 주형선, 이재영(2018). 지속가능한 사회와 환경. 시그마프레스.

Intergovernmental Science-Policy Platform on Biodiversity and Ecosystem Services(IPBES)(2020). 제5차 지구생물다양성전망 보고서.

Koo, M.H. and Lee, D.K. (2012). A Study on the national and international research trend of biodiversity assessment method and its application of environmental impact assessment. J. of the Korea Environmental Impact Assessment, 21(1), pp. 119-132.

Lee, J.Y., Kang, D.S. and Sung, K.J. (2010). Assessment of the wetland soil development in constructed Wetlands using the soil properties of a reference wetland, J. of Korean Wetlands Society, 12(1), pp. 1-14.

Maltby, E. (2009). Functional Assessment of Wetlands: Towards Evaluation of Ecosystem Services, Woodhead Publishing, Cambridge.Korean Environmental Preservation Association (1996). Classification of Wetlands and the Importance of Wetlands in Asia Summary, 18(2), Korean Environmental Preservation Association. [Korean Literature]

Mitsch, W.J. and Bernal, B. and M.E. Herman (2015). Ecosystem services of wetlands. International Journal of Biodiversity Science, Eco- system Services & Management, Vol. 11, 2015 - Issue 1: Ecosystem Services of Wetlands.

Ok, Y.S., Jung, J., Lee, H., Song, H., Jung, N., Lim, S. and Kim, JG (2004). Chemical characterization and bioavailability of cadmium in artificially and naturally contaminated soils, J. of Korea Applied Biological Chemistry, 47(3), pp. 143-146.

Ramsar (2008). Draft Resolution X.31, Enhancing Biodiversity in Rice Paddies as Wetland Systems, 10th Meeting of the Conference of the Parties to the Convention on Wetlands.

Seo, M.H. (1999). Convention on biological diversity and nature exploration. J. of the Korea Native Plant Conservation, 47, pp. 8-9.

UN Development Group(2010). Report of UNDG meeting. New York.

World Wide Fund(2020). 지구환경보고서 2020.

제2장 일본의 습지 보전 및 습지 문화
Wetland Conservation and Culture in Japan

Kantaro TABIRAKI* · 번역: 문성채

Ⅰ. 도입부

람사르(Ramsar) 협약으로 대표되는 습지와 논, 강, 호수, 바다는 단순한 물새 서식지로 오해 받고 있다. 습지에 동식물 군락이 있는 건 사실이지만, 습지의 의미는 반드시 보호 및 보존 지역에 국한되는 것은 아니다. 습지는 생물다양성, 생태계 보전, 복원, 강화 같은 인간을 위한 수생태계로서 중요하며, 보다 탄력적인 커뮤니티 계획 및 관리, 기후변화에 대한 적응과 완화, 교육적 자원으로서도 중요한 가치를 지닌다. 그러므로 습지와 다양한 수변의 보전 개선 시, 지속가능발전목표를 달성하기 위한 교육 방법과 지속가능발전교육을 고려해야 하며 "아무도 뒤처지지 않는다"는 원칙에 기반을 두고 사회 통합을 실행할 수 있을 것이다.

* 일본 Matsumoto 대학 교수

이 장에서는, 일본에서 습지 보전 사례로, 시민들이 작은 습지 조성을 통해, 어른과 노인부터 젊은이와 어린이까지 모두를 대상으로 하는 지속가능발전교육을 커뮤니티 구축 관점에서 실시하고 있는 것을 소개한다. 황새가 논에서 먹이활동을 하는 조류임은 기정사실이기에, 사람들이 황새와 조화를 이루며 공존할 수 있도록 지속가능한 커뮤니티를 구축하기 위해, 생물다양성 인식을 가진 개인을 육성하고 관리하는 것을 간과해서는 안 된다. 황새 보호에 초점을 두고 교육적 실천을 촉진하고 황새의 자연 서식지를 유지함으로서, 우리는 또한 출생률 저하 및 고령화 사회 문제와 지역 사회 문제를 해결할 수 있을 것이라 가정하는 것은 합리적이라 생각한다. 이 장은 습지 보전을 위한 지속가능발전교육 활동에 대해 더 알고 싶어 하는 사람들을 위해 작성하였다.

이 장의 구성은 다음과 같다. 우선 'II. 람사르 협약에 따른 일본 습지의 특성 설명'에서는 습지의 중요성과 람사르 협약에 따른 일본의 습지 상태를 설명하고자 한다. 둘째, 'III. 문화와 습지 이해하기'에서는 습지와 사람의 관계가 만들어내는 습지 문화의 중요성을 고찰한다. 세 번째 부분인 '1.버려지는 농지 증가'에서는 일본 특유의 습지인 논의 현황과 과제에 대해 논의한다. 아울러 논을 둘러싼 문제를 해결하는 접근 방식은 공통된 글로벌 이슈라는 전제 하에, 협력적 습지 개발이 필요하고 시급하다는 것을 보여준다. 마지막 부분인 '2. 시민에 의한 작은 습지 보전 관리'에서는 토요오카(Toyooka) 시 시민들의 작은 습지 개발 프로젝트를 소개한다. 또한 특정 생물다양성을 고려한 논 관리 방법 및 과제, 실무자 학습, 논을 이용한 교육의 특성을 제시한다.

Ⅱ. 람사르 협약에 따른 일본 습지의 특성 설명

역사적 관점에서 쓸모없는 것으로 간주되었던 습지는 농업, 건설 및 기타 개발 정책의 일환으로 개발이 진행되었다. 이 외에도 축축하고 습한 환경과 인체 건강에 영향을 미칠 수 있는 비위생적인 동물들이 살고 있는 것은 많은 사람들에게 습지에 대한 부정적인 이미지를 주었다. 이러한 이미지로 인해, 일부 국가 및 지역에서는 습지를 마귀나 도깨비 같은 상상의 생물이 사는 무서운 장소로 인식되어 왔다. 습지 연구의 선구자였던 Tsujii(1987)는 "습지가 어두운 곳, 그늘지고 부적절한 것이 존재하는 곳이라는 강한 이미지를 가지고 있다는 것은 부인할 수 없다"는 견해를 가지고 있다. 이에 덧붙여, "습지는 마법의 세계를 가지고 있으며, 여전히 미지의 세계로 가득 차 있다. 그리고 그것이 아름다움이다."라고 했다. 그러나 이미 많은 습지가 사라지고 상당한 변화를 겪고 있기 때문에, 습지를 이해하는 것은 이제 단순한 감각적 이미지 그 이상이 될 수 있다. 습지가 다양한 용도로 사용될 잠재력이 작지 않기 때문에, 습지의 존재와 습지의 다양한 기능을 이해하며 습지 보전을 위해 노력해야 한다. 습지는 섬세하고 연약한 생태계를 가지고 있으며, 광범위한 야생 생물들 즉 철새, 포유류, 파충류, 양서류 및 식물 등의 중요한 서식지 또는 고향임을 잊지 않는 것이 중요하다. 또한 습지는 인간 사회에 가장 중요한 자연 환경 중 하나로, 담수의 원천이며 홍수 완화와 같은 오염 방지 역할을 하며, 생태 관광 및 레크리에이션 활동 장소로 사용되고 있다(Smardon 2009). 뿐만 아니라, Kesselheim(2003)은 습지가 취약하고, 제한적이며, 주요한 천연 자원으로서 중요하다고 강조하였으며, 자연의 신장으로서 정수 기능과 자연의 시장으로서 습지의 다양성을 설명했다.

우리는 이제 습지를 광범위한 자연과 인간이 만든 서식지로 고려해야 한다. 1971년 국제적으로 중요한 습지에 관한 협약에서, 물새 서식지가 채택되었다(1975년 12월 21일 발효). 그리고 습지는 다양한 생물의 서식처로서 중요하며, 우리 생활을 지원하는 자원으로서도 중요하다. 특히, 협약에 따른 '포괄적 경제동반자 협정(CEPA, Comprehensive Economic Partnership Agreement)'과 '현명한 사용'은 물새가 서식하거나 동식물들이 서식하고 자라는 주요한 습지 보전을 장려한다. 2020년까지 170개의 단체와 2,412개 지역이 람사르 협약에 따라 습지로 등록될 것이며, 총 면적은 254,467,869ha에 달한다(람사르 사이트, 2020년).

일본에서는 1980년에 '구시로(Kushiro) 습원'(습지의 주요 유형: 얕은 소택지, 담수호, 강)이 최초로 등록된 이래, 총 52 개의 습지(154,696ha)가 람사르 협약에 따라 습지로 등록되었다. 사례에 대한 자세한 내용은 일본 환경부 웹 사이트에서 영어로 볼 수 있다(그림 2−1). 이제 우리는 협약에 따른 일본 습지의 특성에 대해 살펴보겠다. 일본의 람사르 습지 등록 현황을 살펴보면, 협약 초기에는 물새 보호의 관점에서 습지를 등록했으므로, 주요 습지들은 철새의 이주지 및 월동지로 등록되어 왔다. 이후, 일본의 람사르 등록 습지 수는 1993년 구시로 시에서 개최된 제 5차 총회(COP5, the 5th meeting of the Conference of the Parties) 후 점차 증가하고 있다(그림 2-2). 어쨌든 제 7차 총회(COP7)에서 20개 새로운 장소를 등록하도록 유도해, 11개 장소를 등록했다. 이는 "6년 내 제 9차 총회(COP9)때까지 전 세계 등록 장소(습지) 수를 2000개로 확대하자"는 목표를 실행하기로 한 것에 대한 응답이었다. 일본의 이러한 노력을 간과해서는 안 된다.

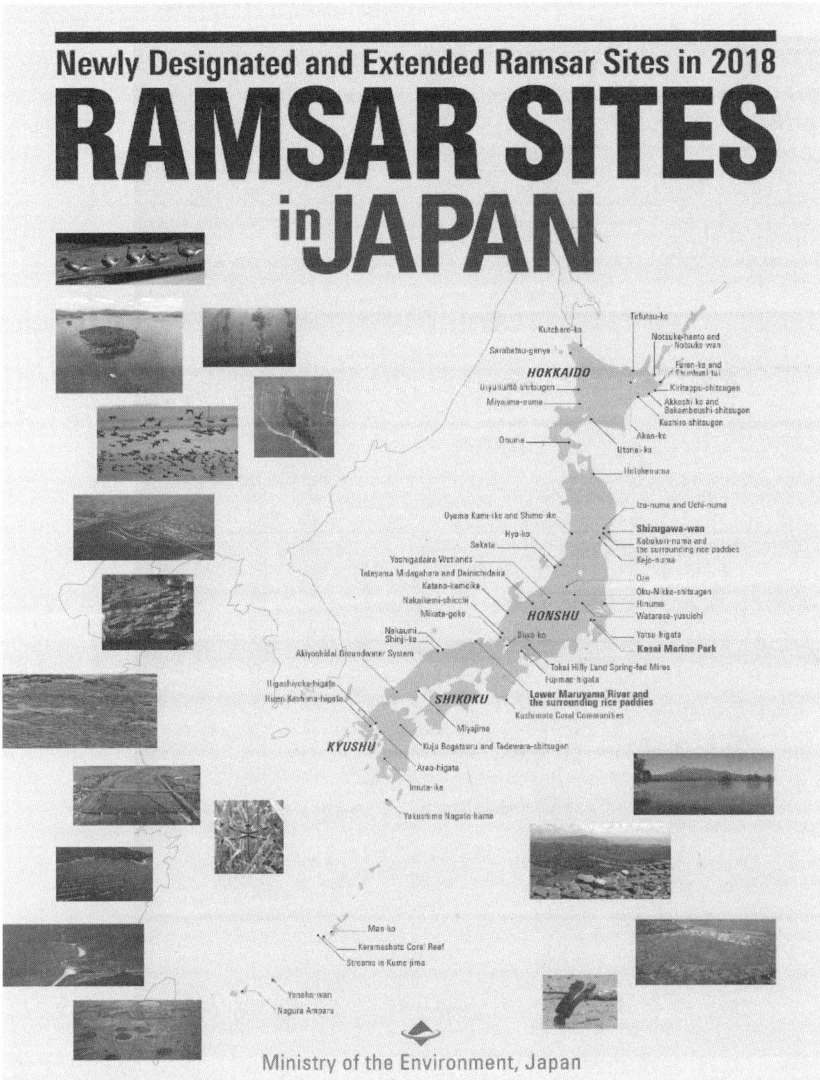

[그림 2-1] 리플릿: 018년 일본 람사르 사이트들

출처: 일본 환경부 웹사이트
(http://www.env.go.jp/en/nature/npr/ramsar_wetland/pamph/index.html)

그 이후 철새 이주 장소 등이 여전히 람사르 습지 등록의 주요 초점이긴 하지만, 생물다양성 관점에서 멸종위기종 및 희귀종 서식지와 지역 동식물 및 어류 개체군 서식지도 지정되고 있다. 또한 깊은 소택지, 저수지, 모래 해변, 갯벌, 논 등이 람사르 협약에 따라 습지로 지정되고 있어, 점차 다양한 습지가 등록되고 있다.

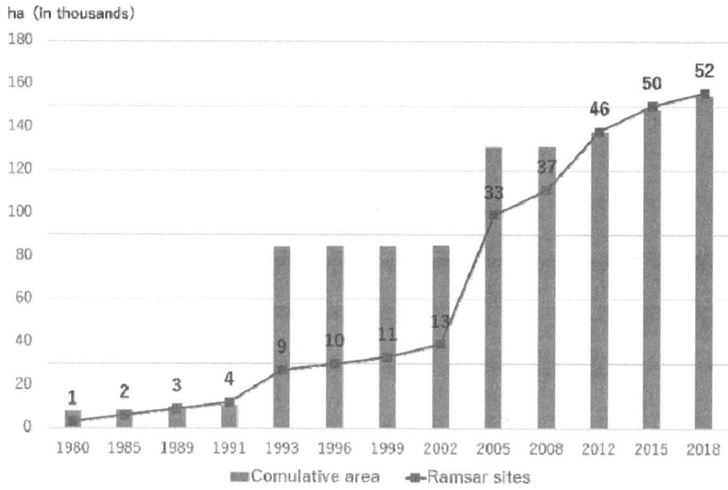

[그림 2-2] 일본의 람사르 습지 누적 수와 면적

이제 습지 보호에 대해 좀 더 자세히 살펴보자. 람사르 협약은 협약 체결 단체에게 협약에 대한 특별한 의무를 부과하지 않는다. 따라서 어떤 법적 체제 하에서 일할 것인지를 결정하는 것은 전적으로 단체의 자발적 활동에 달려 있다. 일본에서, 습지가 람사르 장소로 지정되기 위해서는 다음 세 가지 조건을 충족해야 한다.

① 장소는 국제적으로 중요한 습지이어야 한다.

② 자연 환경 보전은 국내법에 따라 향후 추진된다.

③ 지역 주민들이 장소 등록에 동의해야 한다.

일본 법률은 야생 동물 보호 및 사냥법, 자연 공원법, 하천법이 포함된다. 그리고 이러한 보호 지역에서는 습지를 보호하며, 다양한 규정이 적용된다. 습지 보호와 관련된 법률의 또 다른 예는 자연 복원 촉진법(2003)이다. 그것은 생물다양성 관점에서 자연과 공존하는 사회를 만드는 것을 목표로 한다. 주요 항목으로 '보전, 재생, 창설, 유지'라는 4 가지 관점을 중심으로 습지와 관련된 다양한 생태계를 목표로 한다. 그리고 구체적인 자연 복원 프로젝트를 추진하기 위해 중앙 정부, 지방 정부, 시민, 전문가가 협력한다. 습지 부근에는 논과 같은 다른 등록 습지가 있기 때문에, 농업 진흥 지역 개발에 관한 법률과 농지법 또한 역할을 할 것으로 보인다. 따라서 비록 일본에 등록된 습지에 대한 보호 및 규제 체계가 주로 야생 동물 보호 및 사냥법과 자연 공원법에 기반하고 있지만, 습지 보존의 몇몇 측면은 생물다양성 보전이라는 다양한 관점에서도 볼 수 있다.

저자가 이 장에서 보여 주고자 하는 것은, 습지 보전과 활용을 새로운 시각으로 바라 볼 때가 왔다는 것이다. 요컨대, 물새 수를 늘리는 것과 같은 정량적 평가를 등록된 습지에 대한 정성적 평가로 전환해야 한다. 따라서 습지의 지속가능한 관리에서 사회-문화적 측면의 역할을 지나치게 강조할 수 없다. 다음 장에서, 저자는 지역의 공통 자산으로서 습지의 문화적 전통적 지식을 미래 세대에 전수하기 위해 습지의 사회-과학적 측면의 접근이 중요함을 재고할 것이다.

Ⅲ. 문화와 습지 이해하기

사람들이 습지 및 물과 상호작용하는 방법은 매우 다양하였으며, 이러한 상황은 역사 속에서 생명의 진화를 가져왔다. 지역 자원으로 볼 수 있는 이러한 역사는 특정 습지 지역에 사는 사람들에 의해 만들어지고, 전해지고, 발전되어 왔다. 여기에 덧붙여, 사람들은 물에 의존해 습지인 논에서 쌀을 재배하고, 농업과 식품 가공 산업을 발전시켰으며, 각 지역의 향토 요리를 만들었다. 비록 나가노(Nagano) 현에는 람사르 습지가 없지만, 저자가 사는 중부 지역 섬인 신슈(Shinshu)에는 지역 생활을 기록한 많은 습지 문화가 있으며, 또한 귀중한 수자원으로 보호하고 사용하고 있다. 사쿠(Saku) 시와 나가노 현 주변 지역에는 물에 잠긴 논과 전통적 풍습의 농업 관개 연못(한국은 둠벙이라 함)에 잉어와 붕어를 키우고 있다. 맑은 물에서 자라는 잉어와 붕어는 지역의 중요한 자원이 되었으며, 향토 요리인 잉어와 붕어 요리는 주변 지역의 가정에서 인기가 높다(그림 2-3). 이러한 숙련된 물 관리와 자연의 특성을 활용한 독특한 역사의 발달 사례는 일본에서 많이 찾아볼 수 있다.

양식 붕어

붕어 양식하는 논 습지

[그림 2-3] 일본 나가노 현, 사쿠 시의 습지 문화

간단히 말해, 인간의 생활 방식이 습지 문화로 전승되었으며, 자연, 사회, 인간의 지속가능성 간 균형을 인식하는 지침이 되었다. 그러나 1900년대 초 전국에 약 210,000ha이었던 습지가 2000년에 이르러 82,000ha로 감소했다. 일본 환경부는 습지(습지와 갯벌)가 보유하고 있는 생태계 서비스의 금전적 가치에 대한 경제적 평가를 실시했다. 그 결과, 예를 들어, 일본 전역의 갯벌이 보유하고 있는 생태계 서비스 가치는 연간 약 6,103억 엔(yen)으로 추정되었다. 이들 갯벌 중, 레크리에이션과 환경 교육 등 문화적 생태계 서비스는 연간 약 45억 엔으로 나타났으며, 이는 연간 헥타르 당 약 91,000엔에 해당된다(환경부, 2014). 그러나 이러한 추정 가치는 습지의 내재적 가치의 일부분에 불과하다는 것에 주목해야 한다.

이제 주요 주제로 돌아가 보자. 여기서 중요한 점은 습지 손실의 부정적인 영향은 누적된다는 것이다. 습지 손실이 의미하는 것은 습지의 다각적 기능이 손상되었다는 것이다. 따라서 세대 격차를 연결하는 습지의 가치를 누리기 어렵기 때문에, 생물다양성 관점에서 종합적으로 논 등을 보전하는 것은 매우 시급하다. 게다가 자연 환경의 쇠퇴와 소멸은 자연 체험을 통한 학습 기회를 감소시킬 수 있으며, 자연 체험 상실은 인간의 육체적 정신적 능력을 소멸시켜, 삶과 일에 대한 감각을 저하시키고, 인성적 위기를 야기할 수 있다는 것이 지적되었다. 람사르 협약의 관점에서 습지 보전을 살펴보면, 급속한 발전에 직면한 현 상황에서 협약은 습지의 문화적 가치에 대한 관심을 높이고, 습지 문화를 지역 보물로 재평가하는 것이 중요함을 강조하고 있다(예: 결의안 VIII. 2002년 19월, 2005년 결의안 IX.21). 이에 대한 국제적 관심이 증가함에 따라, 람사르 협약에서는 장소의 효과적인 관리를 위해 습지의 문화적 가치(식별, 보존 및 강화)를 고려한 일련의 지침 원칙을 최초로 수립했다.

그러나 습지 문화의 가치에 대해 논하기는 어렵다. 람사르 협약 문화 실무 그룹에서 만든 지침서 서문에 따르면, 습지의 운명은 인간의 태도 및 활동에 달려 있음이 더욱 명백해졌다. 그리고 실무에 문화적 가치를 통합하는 것은 습지 보전 및 습지를 현명하게 이용하려는 노력에도 도움이 될 수 있다(습지에 관한 람사르 협약, 2008). 이 외에도 중요한 문화적 가치가 있는 습지에 대한 사례 연구 및 훈련 등 교육과 활동이 권장되었으며, 효과적인 습지 복원을 위한 필수 요소로 습지의 문화적 가치가 고려되었다.

일본 Sasagawa 등(2015)은 Wetlands International Japan(WIJ) 연구과제의 일환으로 동아시아 8개국에서 현장 조사를 수행하였다. 이 연구는 습지와 사람들의 생활방식을 포괄적으로 이해하고, 인간 삶의 방식으로서 "습지 문화"를 정의하려고 시도한 것이다. 이 연구 결과물 중 하나는 "일본 습지 문화와 기술 사례 33: 지역 주민과 지역 사회와의 관계"로 2012년 Tatsuichi Tsujii와 Koichi Sasagawa에 의해 발행되었다. 다른 사례로, 홋카이도(Hokkaido) 람사르 네트워크에서 지역 목록 개발 프로젝트를 수행하였다. 이 프로젝트로 전통 생활방식에서부터 최신 기술까지 유형과 무형의 다양한 사례가 수집되었다. 또한, 일본 습지 학회(Japan Wetland Society, JAWS)는 2017년에 "그림으로 보는 일본의 습지: 인간, 자연, 다양한 습지(Illustrated Wetlands in Japan: Humans, Nature and Diverse Watersheds)"라는 책을 발간했다. 이 책은 습지와 사람들의 다면적 본성을 광범위하게 다루고 있으며, 대안으로 만들어진 일본의 습지 문화를 소개하고 있다. 2017년 9월 9일, "습지 연구의 발전 방향-그림으로 보는 일본의 습지 발행(On the Direction of Development of Wetland Research-Publication of the Illustrated Wetlands in Japan)"이라는 특별

심포지엄이 열렸다. 이 심포지엄은 출판물의 특징을 명확히 알리고, 향후 습지가 어떻게 사용되고 개발되어야 하는지 논의하기 위한 것이다(그림 2-4). 물에 의존해서 생활하는 인간은 다양한 습지의 풍요로움을 받아들이고 그것을 현명하게 사용해왔다는 것은 강조할 가치가 있다. 그리고 이러한 이야기 구성은 시작부터 끝까지 인간과 함께 하겠다는 편집자의 의지가 담겨있다(Tabiraki, 2018). 습지 보전을 인간 관점에서부터 지속가능한 사회로 가는 비전으로 발전시키는 것이 필요하다. 이를 위해 습지를 지역 자원으로 만들고, 외부 세계와 연결시키며, 다양한 것들(습지와 사람 간, 사람들 간 등)과 연계해야 할 것이다. 더욱 주목할 점은, 우리는 다양한 습지 문화 사례를 축적하고 체계화하고 공유함으로서, 습지, 인간, 사회 간 관계를 재건하고, 습지를 지역의 보물로 보호하고 육성할 수 있다는 것이다.

[그림 2-4] 일본 습지 학회의 특별 심포지엄 "Publication and Significance of Illustrated Wetlands in Japan: Humans, Nature and Diverse Watersheds"

1. 버려지는 농지 증가

오늘날 일본의 전형적인 습지 문화 형성에 필수적인 논은 위기에 직면해 있다. 아시아 지역에서 논은 쌀 생산뿐만 아니라 동식물 식품 생산 및 약용 식물 생산에도 오랫동안 중요시 되어 왔으며, 인간의 복지, 생명 및 건강을 보장해왔다. 이와 함께, 농촌 지역의 농업 쇠퇴는 지역 사회 기능 상실 및 지역 자원의 손실로 이어졌으며, 생물 다양성과 습지 문화는 전 세계적으로 논 문제를 절실하게 만드는 데 영향을 미쳤다.

일본의 논이 직면 한 가장 중요한 문제 중 하나는 버려지는 농지다. 농지가 버려진다는 상징은 캐나다 황금막대(Goldenrod), 장미덤불(Rosebush) 등 야생화가 그 장소에 빽빽하게 자라며, 그 외 아무것도 없다는 것이다. 일본의 농림업 조사에서는 버려지는 농지를 "이전에 경작한 적이 있으나, 지난 1년 이상 농작물을 심지 않았으며, 향후 몇 년 내 다시 농작물을 심을 의도가 없는 토지"로 정의한다. 정적인 관점에서 보면, 버려진 농지의 총 면적은 2015년에 423,064ha 이었으며, 이는 2000년에 비해 지난 15년 간 도쿄 돔 크기의 1.7배인 약 80,00ha가 증가한 것이다(그림 2-5).

버려지는 농지 영향은 더욱 심각해지고 있다. 옛날 숲이나 야생지역이 다시 삼림 지역이 되면, 농지 개간에 상당한 시간, 노동, 관련 비용이 발생한다. 더욱이, 버려지는 농지는 잡초가 무성하게 자라고 해충이 발생하기에, 주변 농지에 부정적 영향을 끼칠 수 있다. 이외에도 폐기물의 불법 투기 및 재해 위험 증가로 농업 생산 뿐 아니라 지역 생활환경 안전에 위협을 초래할 수 있다.

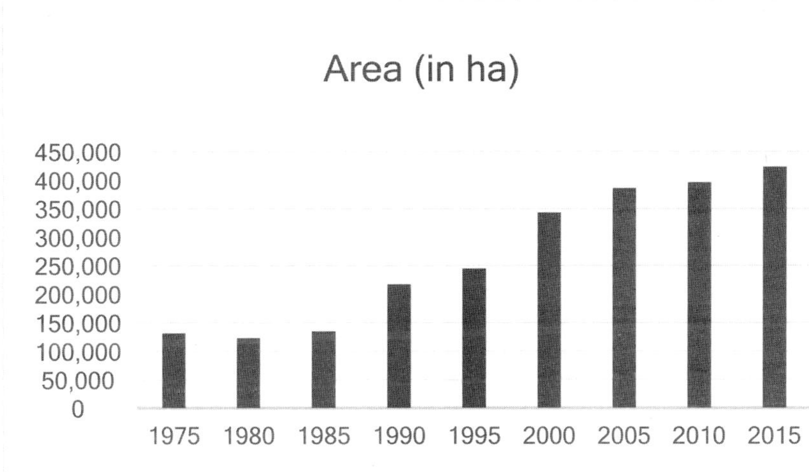

[그림 2-5] 일본의 버려진 농지 증가(1975~2015)

특히 구릉지와 산간 지역에서, 새와 짐승으로 인한 피해는 농업에 재앙이 된다. 새와 짐승에 의한 농작물 피해는 경작에 대한 동기를 낮추고 버려지는 농지를 증가시키는 요인이 되어 왔으며, 지역의 활력을 저하시키는 것에 대한 우려가 매년 증가하고 있다. 산이 농촌 경작지 가까이 있는 사토야마(Satoyama)의 완충 기능은 감소되고 있으며, 버려지는 농지는 야생 동물 침입의 원인이 되고 있다. 버려진 농지에 풀이 무성하게 자라 곤충과 작은 동물의 둥지가 될 수 있으며, 이는 주변 농지에도 부정적인 영향을 미칠 수 있다. 더욱 골치 아픈 것은 버려지는 농지가 확대되면서 야생 동물의 활동 범위가 넓어져 사람들이 생활하는 공간에 쉽게 들어올 수 있게 되어, 야생동물이 도시에 침입해 시민의 안전과 생활을 위협하고 있다는 것이다. 이들 중 일부에 대한 성찰을 통해, 우리는 버려지는 농지가 인간과 자연이 조화롭게 사는 균형을 어지럽게 한다는 것을 명백히 알 수 있다.

이렇게 버려진 농지의 영향은 우리가 상상할 수 있는 것보다 더 사악하고 골치 아프다. 버려진 농지가 확대되는 것은 농업과 지역 인구에 부정적 영향을 미치며, 점진적 감소라는 부적(-) 나선형을 만든다. 벼 경작의 쇠퇴는 일본인과 논 간의 오랜 전통 관계를 약화시키고 있다. 더욱이 농민의 수가 감소하고 있어 자신의 농지를 유지하기 어려우며, 이로 인해 세대 간 상호작용을 상실하고 있으므로, 농민 수 감소는 시급히 해결해야 할 과제라 할 수 있다. 다음 섹션에서는, 이러한 심각한 문제를 해결하기 위해, 소규모-습지 개발에 힘을 발휘하는 시민들의 노력을 소개하고자 한다.

2. 시민에 의한 작은 습지 보전 관리

동양황새(이하 황새)가 논에서 사는 것을 좋아한다는 것은 강조할 가치가 있다. 일본에서 황새는 한때 도요오카 분지 전체를 점령했으며, 황새의 먹이 사냥 장소(수렵지)는 농촌 지역의 논, 도랑, 강이 포함된다(Naito and Ikeda 2007). 현재 일본 야생에 있는 황새 수는 221개체(2020년 10월 13일 기준)이며, 황새를 위해 더 많은 서식지 복원이 필요하다. 그런데 버려진 농지가 증가하고 있으며, 불행하게도 습지 또한 감소하고 있다. 습지 보전은 황새 복원 성공의 열쇠다. 우리는 농부들의 도움 없이 황새가 살 수 있는 지속가능한 습지를 만들 수 없다. 더 중요한 것은 논이 쌀 생산뿐만 아니라 생물을 길러내고 지역의 매력을 키울 수 있는 힘을 가지고 있다는 것이다. 이 섹션에서, 저자는 "황새 서식지 보존 및 논을 위한 비오톱 프로젝트"(이하 "논 비오톱"이라 함)를 소개하고자 한다. 이것은 농업인과 기타 단체와 협력 프로젝트로, 효고(Hyogo) 현 도요오카 시 지역사회의 잠재력을 최대한 발휘하기 위해 논이 가진 힘을 이끌어내는 것이다.

공공 기금 지원을 받는 논 비오톱 프로젝트에서는 생물에 대한 인식을 가지고 습지 동식물 보존 및 재생을 목적으로 물 관리를 하고 있으며, 이를 통해 버려진 농지를 비오톱으로 전환해 동식물의 생활공간을 조성하여 제공하고자 한다(표 2-1). 위와 같은 최소한의 관리를 위해, 실무자는 황새 재도입을 중심으로 사람과 자연이 공존하는 지역사회를 구축한 공로를 인정받아, 매년 도요오카 시 황새 기금으로부터 10 에이크(Acre) 당 24,000 엔의 수수료를 받는다. 또한, 생물 개체 수를 증가시키기 위한 특별 작업(예를 들어, 논에 생물이 다닐 수 있는 보도 만들기, 1년 간 밭 갈기와 물대기, 제방에 잡초 제거하기 등)과 시에서 지정한 올가미를 이용한 생물 조사 시 추가 자금이 지급된다. 더 주목할 만한 것은, 토요오카 시가 시민의 자연 체험을 통한 학습을 촉진하고, 교육활동을 수행하기 위한 학습장으로 도시의 29개 자치구 내 논 비오톱 늘리기를 목표로 한다는 사실이다. 현재, 도시의 17개 자치구에 총 28개의 논 비오톱(총면적 1,302 에이크)이 유지 관리되고 있으며, 논 비오톱 관리 면적은 최대 187.43 에이크, 최소는 5.22 에이크(2019년 3월 31일 기준)이다. 대부분의 논 비오톱은 산 근처와 같이 전통적으로 논을 만드는 것이 어려웠던 지역에 위치해 있다(그림 2-6). 또한 평평한 땅이나 논 근처에도 논 비오톱을 만들었다(그림 2-7).

[그림 2-6] 산 아래 위치한 논 비오톱

[그림 2-7] 평지 또는 논에 인접한 논 비오톱

〈표 2-1〉 **"황새 서식지 보전과 논을 위한 비오톱 프로젝트" 요약**

프로젝트의 목적
• 황새 서식지를 지원하는 습지로서 그리고 지역의 생물다양성을 개선하고 보전하는 장소로서 특정 지역의 농경지를 관리한다. • 비오톱을 시민들이 자연을 체험할 수 있는 장소로 사용한다.
적합한 논의 필수조건
(1) 주변 경관과 조화를 이루며, 황새 서식지로서 기능을 해야 한다. (2) 지역의 생물다양성을 개선하고 보존할 것으로 기대되어야 한다. (3) 최소 2년 동안 지속적으로 실행할 것으로 기대되어야 한다.
특정 필요 요건
(1) 원칙적으로 프로젝트는 다음과 같은 통제 하에 진행된다.* a. 황새가 먹을 수 있도록 수면을 개방한다. b. 수위가 1년 내내 유지될 수 있도록 물을 확보한다. 그러나 만약 물 확보가 어려운 시기에는, 사전에 시로 연락하여 상황을 확인한다. c. 수면은 항상 최소 5cm 깊이를 유지해야 한다. d. 수심을 확보하기 위해, 논의 행(row) 관리를 실시한다. e. 1년에 세 번 논 사이 길에 난 잡초를 제거한다. (2) 경영 업무는 "경영 보고서"에 기록한다. (3) 황새가 발견되면, "황새 확인 기록지"에 기록한다. (4) 일년 내내 살충제를 사용하지 않고 관리한다. (5) 시, 학교, 기타 단체에서 실시하는 설문조사 및 워크숍에 참여하고 협력한다. (6) 물을 모으는 등 물 관리를 하기 위해, 다른 이웃 농민들과 협력한다.

환경 교육 인식
환경 개선을 할 때, 시에서 필요하다고 인정하는 경우에만 신설에 필요한 자료와 기타 항목을 제공한다. 이것의 예는 다음과 같다. (1) 비오톱 중간을 연결하기 위한 다리, 사다리, 비계 등을 만든다. (2) 비오톱 주변에 벤치, 수하물 보관소 등 휴게소를 만든다. (3) 어로 및 개구리용 경사길 등 생태계의 기능을 강화하기 위해 환경을 조성한다.
기타
(1) 현장 조사 시에서는 비오톱 관리를 확인하기 위해, 적어도 일 년에 한 번은 관리자 입회 하에 현장 조사를 실시한다. (2) 비오톱 순찰 실시 매달, 시 또는 시에서 고용한 '황새 서식지 보전 및 유지 관리 업무 책임자'가 비오톱 순찰을 실시한다.

* 지역 및 논 소유주 등과 협의하여 시에서 지정한다.
** 만약 지정된 방법 외 특별한 방법으로 비오톱을 관리하려면, 시와 상의한다.
*** 농사를 짓지 않는 기간(11월~3월) 동안 물 관리는, 지역의 취수 조건을 고려해 물 관리자와 시가 협의하여 결정한다.

논 비오톱의 경우, 사람들 수와 사람들의 생각 차 등에 따라 다소 차이가 있다. 유지 관리 방법은 야생적인 것부터 단정하고 깔끔한 것까지 다양하다. 그런 의미에서 각 장소의 특성을 최대한 활용하여 창의적으로 논 비오톱을 만드는 것이 중요하다(그림 2-8). 무엇보다 논 비오톱은 시민들이 습지 보전에 적극적으로 참여하도록 장려하는 학습 센터 기능을 수행한다는 것이 가장 중요하다. 특히 실무자들은 양동이 덫을 설치하고, 생물학적 조사를 수행하며, 물고기 서식지/ 논두렁/ 논둑 만들기 등 더 많은 생물체가 살아갈 수 있는 환경을 조성해 가는 것을 즐기며 또한 배운다. 다시 말해, 논 비오톱은 서식지 보전을 위한 장소이자, 주민들이 즐겁게 학습할 수 있는 과학 실험장이다. 한편, 일부 실무자들은 황새 서식지를 지원하기 위한 습지 관리 및 지역의 생물다양성을 개선하고 보전하기 위한 장소로서 습지를 어떻게 관리할지 고심한다. 그리고 시에서 파견된 "황새 서식지 보전 및 유지 작업 책임자"는 문제 등 관리 방법에 대해 조언한다.

밭길 높이기

어류 서식지 만들기

물에 만든 개구리 산란장

생물학적 조사용 양동이 덫

[그림 2-8] 논 비오톱의 다양한 관리

저자가 한때 논 비오톱에 대한 연구를 수행했을 때, 24명의 실무자들이 습지 보전에 어떻게 관여했는지에 관한 설문 조사를 분석하였다(Tabiraki, 2017). 24명의 연구대상자들은 비영리 단체 직원, 연금 관리자, 제조 및 공공시설 직원이었다. 그들의 대부분은 60~70대 이었으며,

일부는 80대 이었고, 가장 젊은 연령층조차 50대였다. 이후도 그 프로젝트는 계속 고령화 되고 있다. 이 문제 외에도, 논 비오톱은 가까운 미래의 문제에 대한 실무자의 다양한 생각의 맥락에 따라 개발되어 온 것으로 보인다. 많은 실무자들이 황새 재도입을 위해서 뿐만 아니라, 고령화 및 인구 감소로 버려지는 농지에 대한 대책을 위해, 그리고 농업 활동 등 버려지는 농지를 현명하게 사용하기 위해 논 비오톱 연구를 해오고 있다. 자연 복원 및 커뮤니티 구축을 효율적으로 관리하기 위해서는 정부와 실무자들이 많은 사람들을 이해시켜야 한다. 따라서 논 비오톱 실무자뿐만 아니라, 인근 주민들, 정부 관계자 및 전문가 등과 유기적으로 협력할 필요가 있다.

지금까지 연구에서 논 비오톱 유지 관리와 관련해 밝혀낸 몇 가지 문제는 다음과 같다.

첫째, 관리에 시간과 노력이 든다는 것이다. 특히 논 비오톱 주변의 풀 관리는 큰 문제이다. 더욱이 여가용 및 경관 유지를 위해 수초도 관리해야 하는데, 수초는 농기구를 사용하는 대신 수작업으로 해야 한다. 덧붙여, 인근 산간 지역에서 사슴, 멧돼지, 뉴트리아, 두더지 등에 의해 토지가 훼손되는데, 이러한 토지 훼손은 실무자들이 물을 관리하고 논 사이의 능선을 재건하기 어렵게 한다.

둘째, 논 비오톱을 둘러싼 사람들과의 관계 문제다. 논에 인접한 비오톱을 관리함에 있어, 생물다양성을 향상시키고 논농사를 짓는 것에는 우선순위가 있다. 이런 의미에서, 어떤 사람들은 논 비오톱 주변에 곤충과 풀뿌리가 퍼지는 것을 좋아하지 않는다. 또한 비농기 계절에 비오톱에서 나오는 물이 주변의 마른 논으로 들어오는 등의 물 관리와 관련된 문제가 있다. 어떤 사람들은 비농기 1년 동안 농장에 물이 들어오지 않게 하려한다. 일반적으로, 공동 관개의 물 관리가 지역에서 전체적으로 수행되는 경우, 농업 협동조합과 영농 협회에 대한 이해가 필요하다. 이러한 이유로 논 비오톱 관리는 실무자의 개별적인 판단으로 추진될 수 없다.

셋째, 비오톱 관리의 지도자 또는 후임자 문제이다. 불행히도, 이들 지역의 일부 실무자들은 그들이 더 이상 논 비오톱을 관리할 수 없는 나이임에도 결국 관리를 맡게 되었다. 왜냐하면 책임을 지고 이끌어 갈 후속 세대가 없기 때문이다.

이와 같은 문제점을 분석하여 저자는 다음과 같은 결론을 도출했다. 습지 보전은 외견상으로는 관련이 없는 것처럼 보이는 농업 문제 및 지역 문제와 관련이 있다는 것. 그리고 논 비오톱 프로젝트는 지역사회 건설부터 지역에 맞게 조정할 수 있는 방법을 고려해야 한다는 것이다.

마지막으로 강조되어야 할 점은, 이 프로젝트의 특징적인 성과 중 하나인 논 비오톱 관리를 통해 실무자를 교육한다는 것이다. 비오톱은 도요오카 시와 계약 된 관리 프로젝트이며, 지자체는 단지 최소한의 관리 요건과 활용 방법만을 제공한다. 따라서 지속가능한 습지를 만들기 위해서는 논 비오톱 관리 방법을 더 많이 배워야 한다. 여기 한 가지 예를 들면, 많은 실무자들은 이렇게 말한다. “그들은 실행하면서 배웁니다. 그리고 그들은 황새와 왜가리의 차이를 설명할 수 있어요.” 다시 말해, 학습은 프로젝트 성공을 실현하고, 생태계와 생물다양성에 대한 인식을 가지고 성취감을 얻는 데, 가장 중요한 요소 중 하나이다. 자각, 배움에 대한 열망과 같은 감정들은 프로젝트를 다음 세대로 전수하려는 의지로 이어지며, 학교 교육 등과 협력하게 한다. 실무자들은 그러한 지역 문제에 필요한 교육을 구체화하고 개발하기 위해, 다른 사람들과 학습 교류를 할 수 있다. 예를 들어, 실무자들은 방재를 주제로 논 댐의 물 저장 기능,

수변 경관 설계를 기반으로 한 경작지 관리의 기초, 습지를 레크리에이션 및 관광 자원 등으로 이용하는 현명한 이차적 활용 방법을 배울 수 있다. 실무자들의 연구는 통합 과학인 지속가능발전교육으로 자리 잡을 수 있다. 그리고 시민들이 만든 작은 습지는 황새의 성장에도 기여하지만, 지역 사회 활성화에도 기여한다.

우리는 버려지는 농지와 논 비오톱의 다음과 같은 교육 기능을 자주 상기해야 한다. 버려지는 농지는 인간과 자연 간 다양한 조화가 공존하는 장소로 사용하고, 초등학교에 마련한 논 비오톱을 자연 체험 학습장으로 사용해야 한다. 이런 식으로 비오톱을 보는 것은 다른 방식으로 관리할 수 있다는 가능성을 열어준다.

도요오카 시에서 논 비오톱 학습 내용은 "후루사토(고향) 연구"라는 체계 속에서 사회, 과학, 윤리 등 초등학교 각 과목에서 배운다. 3학년 학생들이 자연 환경 체험 학습 활동의 일환으로 논 비오톱을 방문하면, 시 공무원과 비영리 단체 직원이 논에 사는 자연 생물에 대해 강의하고, 논 비오톱에 사는 생물 조사를 도와주고 지원한다. 실무자들은 어린 아이들을 위해 물의 수심을 고려하고, 시 공무원과 주민들은 생물학적 조사를 지원한다. 협력을 통해 우리는 논 비오톱을 다음과 같은 메시지를 주는 교육적 기회로 접근할 수 있다.

> "우리가 거기서 벼를 키울 수 없더라도, 이 장소를 생물이 가득한 곳으로 만들자." 또는 "이 곳을 아이들이 환경에 관해 배울 수 있는 곳으로 만들자."

비오톱으로서 논은 지속가능한 지역 사회 개발을 촉진하는 데 중요한 역할을 할 수 있다. Tabiraki와 Nam(2019)은 다음과 같이 주장한다.

"비오톱에서 이러한 활동은 버려지는 농지 문제를 해결할 뿐만 아니라, 환경 교육의 질을 향상시키고, 자연과 인간의 관계에 대해 생각하게 하며, 편안한 자연 환경을 조성하도록 장려하는 데 중요한 역할을 한다."

중요한 것은 논 비오톱이 ESD에 중점을 둔 환경 교육 선두에 서서, 이곳에서 어린이와 어른 모두 부담 없이 모임과 학습을 즐길 수 있을 것이다.

감각을 이용해 자연 즐기기

생물 관찰하기

[그림 2-9] 논 비오톱에서 자연 체험을 이용한 학습

Ⅳ. 결론

버려지는 농지는 우리가 그 땅을 보고 활용하는 방식을 변화시킴으로서 새로운 가치를 부여 할 수 있다. 버려지는 농지는 황새의 섭식 장소 역할을 할뿐만 아니라, 멸종 위기 식물과 동물의 쉼터 역할을 하며, 도시 주민들이 자연 자원을 체험할 수 있는 장소이며, 일본의 사라져가는 지속 가능한 생활 문화 및 습지 문화를 되찾는 장소이다. 이러한 잠재력에 도달하기 위해, 농민뿐 아니라 경작에 관여하지 않는 지역에 사는 사람들이 모두 함께 모여, 습지 관리를 위한 조치를 취하는 것이 중요하다.

습지로 구축된 커뮤니티가 학교와 지역사회로 확산되는 것은, 교육 및 농업 개선뿐만 아니라 새로운 산업 개발 및 지역사회 구축 측면에서도 지역에 상당한 영향을 미칠 수 있다. 습지의 다면적 가치를 전국적, 세계적으로 확산시킴으로서, 지역 공동체 기능을 재건할 수 있다. 하지만 농촌 지역의 농업 쇠퇴라는 현 상황은 지역 자원 유지와 마을의 기능에 영향을 미치고 있다.

사람들의 황새와 그 서식지를 보살피기 위한 노력의 일환으로 우리는 습지를 계속 보존하고 활용하고 있다. 우리는 황새가 지역사회를 풍요롭게 만들고 육성하고 있다는 것을 깨닫고 있다. 이러한 발견으로 우리는 인간과 자연 간 공생 관계를 이해하게 되었다.

참고문헌

Kesselheim, S.A., 2003, "An Invitation", WOW! The Wonders Of Wetlands, Environmental Concern Inc. and The Project WET International Foundation, xix-xx.

Ministry of the Environment. 2014. The Report of Evaluating the Economic Value of Ecosystem Services Held by Wetlands. 66pp. (in Japanese)

Naito, K. and Ikeda, H. 2007. Habitat Restoration for the Reintroduction of Oriental White Storks. Global Environmental Research, 11:217-221.

Sasagawa, K.,Y. Natori, G.J. Joo, K. Chen, C. Sansanee and M. Sasaki (ed.). 2015. Wetland Culture in East Asia: A lasting legacy of skills, knowledge and wisdom. Wetland International Japan, 128pp.

Smardon, C.R., 2009, Sustaining the World's Wetlands: Setting Policy and Resolving Conflicts, Springer, 326pp.

Tabiraki, K. 2017. Outlook of Various Commitments of Community Residents for Wetland Restoration Project and Environmental Education, *Environmental Education*, 27(2), 28-38. (in Japanese)

Tabiraki, K. 2018. Special Symposium Report. *Wetland Research*, Vol.8, 206-207. (in Japanese)

Tabiraki, K and Nam, Y.S. 2019. Environmental Education Using the Oriental White Stork in Japan and the Republic of Korea. *Environmental Education*, 28(4), 4-12.

The Ramsar Convention Secretariat, The List of Wetlands of International Importance, Published 11 November 2020 https://www.ramsar.org/sites/default/files/documents/library/sitelist.pdf

Tsujii. T. 1987. "Marshland-The Growing Land", Chuokoron-shinsha, 204pp. (in Japanese)

Tsujii. T and Sasagawa, K (ed.). 2012. 33 Examples of the Cultures and Technologies of Wetlands in Japan: Relationships with Local People and Communities. Wetland International Japan, 72pp.

제2부

황새 서식지로서 습지

제3장 황새가 이용하는 습지는 어떤 곳인가?

김수경*

황새는 습지생태계의 최상위 포식자이자 깃대종으로서 습지의 건강성을 나타내는 지표종이다. 황새는 어류, 양서류, 파충류, 무척추동물 등 습지에 서식하는 다양한 동물성 먹이를 사냥한다. 25cm 가량의 긴 부리로 진흙 속을 찌르며 촉각으로 먹이 사냥을 하는데 발달되어 있다. 10~30cm가량의 수심의 얕은 물에서 사냥하기를 좋아하는 습성이 있어 논, 저수지 가장자리, 하천 등에서 주로 사냥한다. 황새는 계절에 따라 먹이가 풍부한 곳을 찾아 다양한 형태의 습지로 옮겨 다니며 먹이사냥을 한다.

2015년 9월부터 2020년 12월까지 방사된 황새 100여 마리가 전국의 습지를 탐색하며 건강한 습지를 찾아내어 서식하여 왔다. 황새가 머물렀던 습지가 어떤 곳이 있는지 알아보고자 한다.

* 예산황새공원 야생복귀연구팀 선임연구원

Ⅰ. 대표적인 황새 먹이터인 논 생태계

논은 얕고 수심이 일정한 인공 내륙습지로 물이 담긴 시기에는 황새들이 먹이터로 가장 선호한다. 3~4월부터 논에 물이 담기면 개구리가 산란을 시작하고, 5월부터는 붕어, 미꾸리, 송사리 등이 차례로 산란을 한다. 6월에는 어류의 치어와 올챙이, 개구리 등이 가장 풍부하게 서식하는 시기이다. 황새 부부는 논 가까이 높은 나무나 황새 둥지탑(13m)에서 2월쯤 둥지를 짓기 시작해서 3월부터 부화가 시작되는데, 논에서 올챙이를 잡아와서 어린 황새를 먹인다. 논에 사는 수서 생물이 풍부해지면서 새끼 황새들도 무럭무럭 성장한다. 8월 하순이 되어 벼의 키가 높이 자라면, 황새들은 논에서 먹이잡기보다 논둑이나 초지에서 메뚜기, 뱀, 설치류 등을 사냥한다. 황새는 1년 중 6개월을 논에 의지하여 서식한다.

[그림 3-1] 모내기 한 논에서 어미 황새(가장 오른쪽)가 새끼 황새(나머지 3마리)들에게 먹이사냥을 가르치고 있다(사진출처: 김경선).

[그림 3-2] 논 옆에 둥지를 튼 황새 가족(사진출처: 김경선)

Ⅱ. 하천 가까이 둥지를 트는 황새

여름 장마시기를 제외하고 우리나라 대부분 소하천은 수위가 낮기 때문에 황새는 하천에서 먹이 사냥을 즐겨한다. 특히 논을 이용할 수 없는 시기인 9월부터 2월까지는 하천은 유용한 사냥터이다. 특히 겨울철에는 가장 마지막까지 물이 얼지 않는 습지이기 때문에 황새에게는 필수적인 서식지이다. 겨울철 극심한 추위 속에 황새무리가 하천에서 흐르는 물에 발을 담그고 체온을 유지한다.

[그림 3-3] 하천에서 먹이 사냥 중인 황새

[그림 3-4] 하천에서 휴식하는 황새

과거 황새가 번식했던 장소의 공통점은 둥지에서 500m 내에 소하천이 항상 위치하고 있었다. 하천과 연결된 수로와 논에는 물고기들이 넘쳐나고, 논에서 잡지 못하는 큰 물고기를 하천에서는 사냥할 수 있었다.

Ⅲ. 저수지를 좋아하는 황새

옛 황새 번식지 여러 곳을 다녀보면, 몇몇 공통점이 있는데 그 중 저수지가 가까이 위치하고 있었다는 것이다. 저수지는 물이 항상 담수되어 있고, 계절에 따라 수위가 낮아졌다 높아졌다 변한다. 항상 물이 담수되어 논보다 더 큰 먹이를 사냥할 수 있는 곳이다. 저수지에서 붕어, 잉어, 메기, 개구리류 등을 주로 사냥하는데 물이 깊을 때는 들어갈 수 없으니 수위가 낮아지는 봄철과 겨울철에 집중적으로 사냥한다.

황새는 기회주의적으로 서식지를 선택하는데, 논, 저수지, 하천 중 계절에 따라 먹이생물의 풍부도가 높은 곳을 선택한다. 3월~8월은 논, 4월~6월은 저수지, 9월~2월은 하천에서 먹이 사냥을 하는 경향을 보인다.

[그림 3-5] 저수지에서 개구리를 사냥하는 황새(사진출처: Ting Ting Huang)

[그림 3-6] 저수지에서 물고기를 탐색하는 황새(사진출처: 김형학)

국내에 방사된 황새들은 예산군 광시면에 위치한 예당저수지에 기대어 번식하고 있다. 광시면 장전리, 관음리, 신양면 무봉리에 1쌍 씩 3쌍이 번식하고 있다. 예당저수지는 하류 농경지 물 공급으로 4~6월 중에는 수위가 낮아지는데 이 때 황새 번식시기와 일치한다. 3~4월에 아기 황새가 부화되는데 4월 하순부터 저수지 수위가 낮아지면서 풍부한 먹이를 아기 황새들에게 먹일 수 있다.

Ⅳ. 갯벌은 겨울철 황새들 먹이 창고

11월이 되면 황새 무리가 갯벌로 모인다. 겨울이 오기 전에 겨울 내내 먹이창고가 되어줄 갯벌을 찾아오는 것이다. 갯벌에는 갯지렁이, 망둥어, 숭어 등등 다양한 먹이 생물이 서식하고 있다. 짠 물 덕분에 영하의 날씨에도 갯골에는 물이 드나든다. 갯골을 따라 물이 들어오길 기다리며 튀어 오르는 망둥어를 찾는다.

매년 11월에는 러시아, 중국에 서식하는 철새 황새들은 겨울이 되기 전 한국으로 남하하여 겨울을 날 준비를 한다. 약 50~100여 마리가 국내에 도래하는데, 주로 서해안과 남해안의 넓은 평야지역에서 월동한다.

2015년부터 예산군에서 황새 방사가 계속 이루어지고 있어 겨울철이 되면 러시아, 중국에서 내려오는 철새 황새들과 국내에서 방사된 텃새 황새들이 함께 무리를 짓는다. 전북 고창군 지역에는 매년 10~60마리의 황새 무리가 모인다. 갯벌의 갯골을 따라 먹이 사냥을 하고 밀물이 들어오면 양어장에 들어와 수확하고 남은 물고기를 찾아 먹는다. 전북 고창군은 방조제가 없는 갯벌로 국내 몇 안되는 곳이다. 민물과 짠물이 만나 기수역을 형성하는 생물 다양성이 풍부한 천혜의 자연이다.

[그림 3-7] 갯벌에서 망둥어를 찾고 있는 황새

[그림 3-8] 고창군 갯벌에서 쉬고 있는 황새 무리(사진출처: 황진환)

V. 범람원 습지는 황새의 원시적 고향

범람원 습지는 몬순기후의 특징인 여름철 집중강우로 하천 주변의 저지대가 물에 잠기면서 형성되는 습지이다. 범람 후 범람원 습지에는 많은 유기물과 물고기, 개구리 등 다양한 생물들이 들어오게 된다. 점점 수위가 낮아지면서 얕은 습지가 광범위하게 형성되는데 이것이 원시적 범람원 습지이다.

한국에도 큰 강을 중심으로 원시적 범람원 습지가 넓게 형성되었으나, 농경지와 주거지 등을 조성하기 위해 하천 제방을 높이며 자연적인 하천 범람을 억제하였다. 경남 창녕군의 람사르 습지인 우포늪은 국내 대표적인 범람원 습지이다.

[그림 3-9] 중국 장시성 포양호의 황새 무리

[그림 3-10] 포양호 어민회의 어업활동 모습

황새는 동북아시아 지역의 원시적 범람원 습지에 특화되어 서식했던 조류종이다. 여름철 집중강우 시기에 범람원 습지와 연결된 하천으로 물고기 떼가 몰려들어 성장하였을 것이다. 가을로 접어들면서 점차 범람원 습지의 수위가 낮아지고 군데군데 물이 고이면, 범람원 습지에 큼지막한 민물고기들이 득실득실, 황새들은 푸짐한 잔치를 하였을 것이다.

중국 남동부 장시성에 380,000ha 면적의 포양호라는 호수가 있는데, 세계 최대 황새 월동지역으로 유명하다. 세계 황새 전체 개체수의 80% 이상이 의존하여 월동하는 곳이다. 포양호는 440,000ha의 원시적 범람원 습지로서 여름철 집중 강우로 10m 이상의 수심의 호수가 형성되었다가 겨울철에는 1m 내외로 얕아진다. 이때 황새를 비롯한 여러 습지성 조류가 몰려들어 겨울을 풍성하게 보낸다.

포양호 내의 난지 자연보호구에서는 월동하는 조류 보호를 위하여 어민회와 인센티브 제도를 운영하고 있다. 어민회에서 어업 활동을 하는 호수 내 서식하는 조류 1마리 당 1위안(한화 160원 가량)을 지급하여 어민 스스로 조류 보호 활동을 할 수 있도록 제도적 장치를 마련하였다. 어민회는 보호구 여러 호수에서 물고기를 양식하고 포획시기에 수위를 낮추어 조류에 먹거리를 제공함으로서 포양호는 조류의 최대 월동지로 자리 잡게 되었다.

제4장 러시아의 황새 보전 전략 실행(1999~2019)
Implementation of Strategy for Oriental Stork Conservation in Russia(1999~2019)

Yury DARMAN* · 번역: 김수경, 문성채

황새 개체군의 대부분은 아무르(Amur) 강 유역에서 번식한다. 러시아 극동 지역에서 75%가 번식하고 중국 북동쪽에서 15%가 번식한다. 그 외는 황하강 하구가 최근에 형성된 번식지로 등록되었다. 그리고 일본의 토요오카(Toyooka) 시, 한국의 예산(Yesan) 군의 재도입 프로그램으로, 새로운 황새 메타 개체군이 복원되고 있다.

그리고 아무르 생태 지역은 황새의 유일한 번식지이며(그림 4-1), 두루미, 재두루미, 흑두루미 등 다른 13종의 희귀 물새의 번식지이기도 하다. 이곳은 또한 북동아시아 비행로를 따라 이동하는 수백만 마리의 도요 물떼새, 오리, 거위 및 백조의 주요 중간 기착지이다. 이들 습지는 이 멸종위기 종들의 생존에도 중요하며, 생물다양성 보전에도 중요하다.

그러나 인간의 광범위한 활동 때문에, 평원과 계곡은 놀라운 속도로 변형되고 있다. 지난 수십 년 동안, 우리는 아무르 지역에서 8,000,000ha 이상의 습지를 잃었다. 그리고 농지로 전환하는 것을 막은 것은 정기적인 홍수뿐이었다.

---

* WWF 러시아 아무르 지부 고문

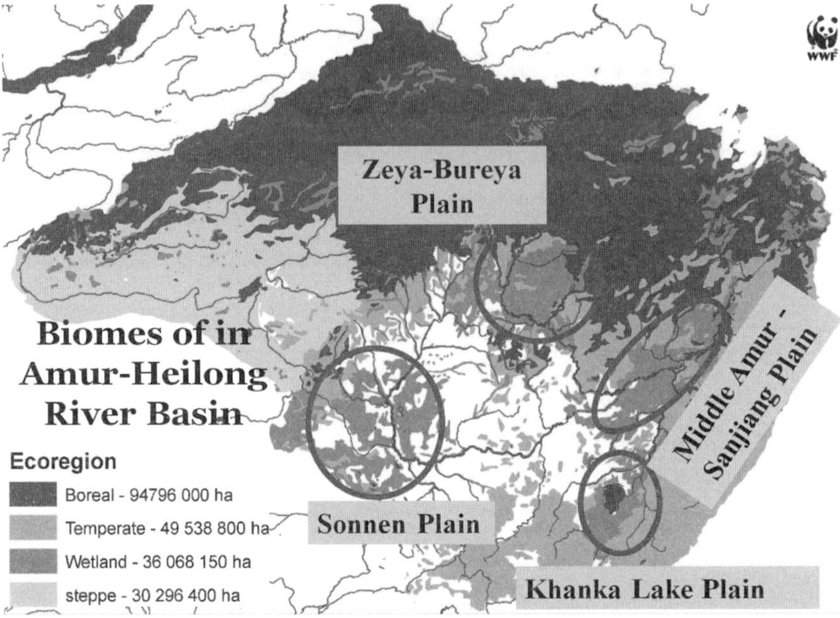

[그림 4-1] 아무르 강 유역 황새 주요 번식지역

그 결과, 많은 종의 번식 범위가 아무르 강을 따라 점점 좁아지고 있으며, 철새는 중간 기착지를 찾을 수 없었다. 러시아 습지의 약 40%와 중국 습지의 80%가 농경지로 전환되었다. 황새는 러시아 쪽 아무르 지역에서 2,400,000ha의 번식지를 잃었으며, 중국 쪽 아무르 유역에서 3,800,000ha의 번식지를 잃었다. 지금까지, 황새에게 적합한 아무르 강 유역의 서식지는 약 10,000,000ha에 달한다. 이러한 과정은 기후 변화로 인해 가속화되고 있으며, 평균 기온이 상승하고 강수량이 감소하고 있다. 20세기 말과 21세기의 장기적인 건조기로 인해, 습지가 급격히 말랐으며, 우각호가 사라지고, 범람원에서는 대규모 매립 작업이 이루어졌다.

수력발전소 건설로 인해 저수지가 생김으로서 이전 범람원에서는 홍수가 일어나고, 댐 아래에 있는 우각호와 습지는 건조하게 되었다. 제야(Zeya) 강에 있는 거대한 댐과 부레야(Bureya)강에 있는 2개 댐은 황새 번식지인 제야-브레야 평원에 이미 큰 영향을 미쳤다. 아무르 강과 아무르 강 주요 지류에 또 다른 7개의 댐이 건설될 계획이다. 덧붙여, 중국 숭가리(Sungary) 강 유역에서 관개를 위해 강물을 점점 더 많이 빼내고 있는데, 이것은 황새 번식에도 문제를 일으키며, 모모게(Momoge) 자연 보호 구역에 있는 조류 이동의 주요 중간 경유지에도 문제를 야기 시키고 있다.

황새는 먹이 사슬의 최상위에 위치하고 있기에, 아무르 담수 생태계의 건강성을 나타내는 지표가 되고 있다. DDT 및 기타 염소-유기 살생물제의 대대적인 사용으로 인해, 황새는 1970년대 일본과 한국에서 절멸하였다. 현재 농업의 화학화로 인해 생물 종의 미래는 점점 더 위험해지고 있다. 따라서 황새의 생존은 이제 생물다양성 보전의 문제이며, 또한 이 종의 생존은 담수 생태계 건강성의 진정한 지표이다. 그리고 인간의 미래 건강 지표이기도 하다.

러시아 신화에서 유럽 황새는 가정에 아이를 가져다주기 때문에 가족의 행복을 상징한다. 이 모든 이유로 인해, WWF 러시아는 황새를 아무르 담수 프로그램의 깃대종으로 선택하였다.

황새 생물학에 대한 최초의 종합적인 연구는 1977년 Sergey Winter에 의해 아카라(Arkhara) 저지대에서 수행되었다. 이러한 배경을 바탕으로, 부레야 수력발전소 건설에 대한 보상으로 20,000ha의 새로운 보호 지역이 설정되었다. 이 지역은 안토노브스키(Antonovsky) 영역으로 킨간스키(Khingansky) 자연 보호 구역에 추가되었다.

아무르 강에서 자연보호론자들 간 협력이 시작된 전환점은 두루미와 황새에 관한 국제회의라 할 수 있다. 그 국제회의는 1992년 킨간스키 NR에서 아무르 강을 따라 배 위에서 진행되었다. 당시, 우리는 위성 송신기를 사용하여, 도쿄 대학의 히구치 교수 및 타무라 박사와 함께 대규모 연구를 시작했다. 발행 논문은 일본 생태 학회에서 수상을 하였으며, 아무르에서 양쯔(Yantze)까지의 모든 이동 경로를 따라 보호 구역 망을 구축하는 배경이 되었다. 이러한 배경 연구들은 저자가 2000년에 대규모 아무르 생태지역 보존 프로그램을 시작하는 데 도움이 되었다. 국제 자연 보전 연맹(IUCN)과 세계 야생 동물 기금(WWF)은 황새와 황새 서식지 보전 회의부터 시작하였다. 그와 동시에 황새를 보존하기 위한 전략이 개발되었다.

WWF의 생태 지역 접근 방식의 일환으로, 아무르 유역 전체 생물 다양성을 평가하고, 습지 목록을 작성하고, 습지 보존을 위한 시행 계획을 개발했다. 이 계획은 관심 있는 모든 러시아 정부 관계자와 합의해 2002년에 승인되었으며, 이를 시행하기 위해 공공 기관 및 주정부 기관의 아무르 연합과 아무르 유역의 지속가능한 개발을 위한 조정위원회가 구성되었다.

처음에 이 프로그램은 WWF 아무르 지사를 기반으로 러시아에서 시작하였으며, 2005년부터는 몽골과 중국에 있는 WWF 부서와 합쳐졌다. 몽골과 중국의 지역 사무소는 다달(Dadal)과 창춘(Changchun)에도 세워졌다. 이 프로그램의 결과는 러시아-중국 컨퍼런스 "Amur-2011"에 요약 설명되어 있다. 황새와 황새 서식지인 습지 보존을 위한 기본 계획서는 황새 보존 전략(2000), 아무르 생태 지역 보존에 대한 실행 계획(2003), 아무르 생태 지역의 담수 생태계 보전을 위한 연구계획(2015), 러시아의 황새 보전 전략(2020)이 있다.

이 프로그램은 과학자와 대중의 의견을 고려했으며, 또한 중국과 러시아 주정부의 습지 보전 계획에 기반을 두고 있다. 이 프로그램은 지방 정부와의 계약 및 연간 작업 계획에 따라, 아무르스카야(Amurskaya), 이브레이스카야(Evreiskaya), 하바롭스키(Khabarovsky) 및 프리모르스키(Primorsky) 4개 지방에서 시행되었다. 이 프로그램의 담수 부분에 대한 깃대 종(대표 종)으로 황새가 선정되었다.

프로그램을 실행하기 위해, 정부의 아무르 조정위원회 산하에 아무르 연합(Amur Coalition)이 창설되었다. 여기에는 8개의 연구 기관과 4개의 대학, 17개의 자연 보호 구역, 6개의 국립공원, 25개의 비정부 기관의 과학자, 환경 보호 운동가 및 환경 운동가가 들어있다.

황새 보존 전략은 9개의 범주로 구성된다. 가장 중요한 것은 보호 구역 네트워크 구축, 둥지 짓기 조건 개선과 전신주 안전성 보장이다. 물론 사냥, 중독 및 남획으로부터의 보호가 진행되었지만, 보호는 대부분 법 집행 조직에 의해 이루어졌다. 생태 교육은 사람들의 행동을 바꾸는 데 도움이 되었고, 지역 주민들의 지원을 받았다. 그리고 모든 프로그램은 연구와 6개 시범 장소의 정기적인 모니터링을 기반으로 하고 있다.

러시아에 있는 아무르 생태 지역 내 보호된 습지의 약 1,740,000ha가 현재 황새가 둥지를 짓는 지역이다. 가장 중요한 것은 자연보호구역이다. 이곳은 엄격하게 보호되는 주 자연 보호 구역 (IUCN 카테고리 1)으로, 연방 정부에서 관리한다. 그러나 이 자연 보호 구역들은 단지 370,000ha에 불과하다. 이는 보호된 습지의 21%에 해당하며, 75~86개 황새 번식쌍(러시아 개체수의 10%)이 이곳에 서식한다(그림 4-2).

Protected areas in Oriental stork habitats (Russia, 2018)

Type of protected areas	IUCN category	Number	Area of Oriental stork habitats (km2)	Number of Breeding pairs
State nature reserve	IUCN 1	7	3697	75-86
National park	IUCN 2	1	1050	stopover
National wildlife refuge	IUCN 3	3	1792	5-7
Provincial nature park	IUCN 3	2	90	12-27
Provincial wildlife refuge	IUCN 4	15	5644	155-190
Buffer zone around state nature reserve	IUCN 5	3	1018	24-32
Provincial protected wetland	IUCN 5	2	3950	6-8
Ecological corridor	IUCN 5	1	150	4-5
Total		**34**	**17391**	**281-355**

[그림 4-2] 러시아 지역의 자연보호구 현황 및 황새 번식쌍 수

훨씬 더 큰 것은 지방의 야생 동물 보호 구역 체계이다. 이곳에서 우리는 총 번식쌍의 25%를 발견했다. 이러한 보호구역에 대한 보호 체계(IUCN 카테고리 4)는 충분히 강력하지는 않지만, 이로 인해 책임 부서들이 인공 둥지탑 설치에 대한 WWF 프로그램을 지원하게 되었다. 보호 구역에 총 280~355개 황새 둥지가 있다. 이는 러시아에 있는 번식 개체군의 45%에 해당한다. 가장 유명한 곳은 람사르 지역, 칸카이스키(Khankaisky) 자연 보호 구역이다. 그것은 한카(Khanka) 호수 저지대 114,799ha를 보호한다. 1994년, 대통령의 결정에 따라 러시아-중국 국경을 넘나드는 자연 보호 구역 "한카 호수"로 선포되었다. 황새의 또 다른 유명한 번식지는 킨간스키 자연 보호 구역이다. 이곳은 가누칸스키(Ganukansky) 야생 생

물 보호 구역와 함께 람사르 지역으로 선포되었으며, 아카라 저지대 습지의 약 120,000ha를 보호하고 있다. 지방 보호 구역 사이에서 가장 중요한 것은 아무르스카야 지방의 아무르스키(Amurskiy), 베레조프스키(Berezovskiy) 및 무라비보프스키(Muraviovskiy) 야생 동물 보호 구역이다.

황새의 총 번식쌍 수는 지난 10년 동안 증가해 왔다. 여기서 가장 높은 밀도는 1,000ha 당 1.7쌍 이다. 반면 최대 밀도는 1,000ha 당 5.7쌍으로, 우수리(Ussury)강의 하바롭스키 지방에 있는 "셰레메티예보 호수(Sheremetievskie Ozera)", 작은 주립 자연공원 지역이다. 일반적으로 아무르 생태 지역에 있는 전체 습지의 17% 이상이 자연 보호 구역과 야생 동물 보호 구역으로 보호받고 있다.

생물다양성 협약에서 설정한 목표를 달성했다. 현재 이 유역에는 국제적으로 중요한 20개의 람사르 습지, 11개의 생물권 보호 구역 및 81개의 중요한 조류 지역이 있다. 더욱이 최초로 국경을 넘나드는 자연 보호 구역이 습지로 선포되었다. 국제적으로 아무르 습지의 세계적인 중요성이 강조되고 있으며, 우리 모두에게 추가적인 책임이 부가되고 있다. 그리고 중국 지역 쪽 유역에는 이 수치가 30%에 이른다. 그러나 중국 지역에 있는 유역에는 1,000,000km^2 이하의 습지들이 있다.

그러나 러시아 지역의 유역, 특히 아무르 저지대에는 훨씬 더 많은 습지 2,500,000km^{2}가 남아 있다. 그러나 지금까지 단지 12% 만이 보호를 받고 있다. 그래서 우리는 여전히 해야 할 일이 많다. 대규모 집중 교육 프로그램 덕분에 황새 보호 프로그램 성공이 가능해졌다. 매년 WWF는 아무르 연합과 함께 대규모 캠페인을 시작했다. 이 캠페인은 습지 보호, 물새 번식지, 보호 지역의 중요성을 수집하는 데 기여했다. 수천 명의 현지인이 "둥지 지키기(Nest Keepers)" 프로그램에 참여했다. 그들은 둥지탑 건설을 돕고 나무 위에 둥지를 틀 수 있도록 환경 개선을 도왔다(그림 4-3).

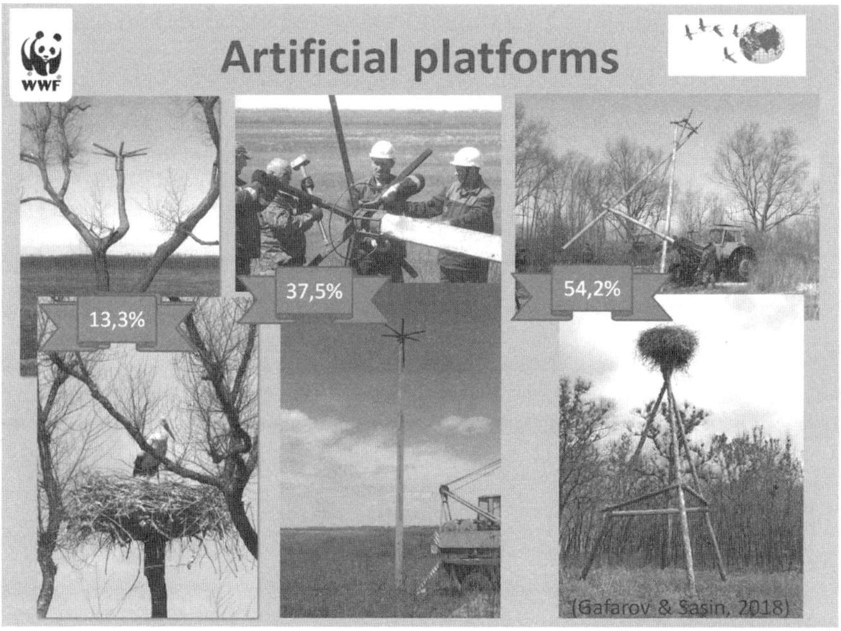

[그림 4-3] 러시아 황새 번식지에 세워진 황새 인공 둥지탑

매년 9월 자원봉사자들은 둥지가 있는 나무와 삼각대 주위에 소방 장치로 작업을 한다. 따라서 둥지를 튼 나무는 화재가 잘 발행하는 계절인 10월과 다음해 4~5월에 화재로부터 보호된다. 최근 몇 년 동안, 둥지를 튼 나무는 황새 둥지를 파괴하기 시작한 곰으로부터 보호되었다. 이 모든 것이 황새의 번식 성공을 증가시켰다.

러시아 파이프라인 회사가 습지 교란에 대한 보상으로 일부 인공 둥지탑을 세웠다. 전력 회사와 협약하여 4개의 전봇대에 비디오 카메라를

장착했다. 따라서 누구나 황새의 사생활을 온라인으로 지켜볼 수 있게 되었다. 자원 봉사자들은 주요 황새 둥지 지역 주변에서의 불법 낚시를 통제하기 위한 물고기 검사를 돕는다. 수 km의 어망이 압수되고 폐기되었다. 작은 호수의 또 다른 문제는 물고기의 산소 부족이다. 따라서 지역 주민들은 얼음에 구멍을 뚫어 호수에 공기가 드나들게 하였다.

황새의 모든 둥지에는 둥지 상태 및 둥지 사용 이력이 등록되어 있다. 이러한 목록에는 이미 약 수천 개의 둥지가 포함되어 있다. 러시아에서는 6개의 모범 보호 구역 내 황새와 두루미 둥지를 매년 모니터링하고 있다. 그리고 2018년 러시아 지역에 있는 황새 전체 서식지에 대한 개체 수 조사가 수행되었다. 이러한 개체 수 조사를 위해 설문정보를 수집하고 겨울철에 큰 둥지가 있는 나무를 찾기 위해 멀리 떨어진 지역은 현장 조사를 실시한다. 그런 다음 매년 봄과 여름철에는, 조사한 지역을 연구자들이 확인한다. 가장 먼 습지는 헬리콥터를 사용한다.

최대 번식쌍 수는 아무르스카야 지방, 제야-브레야 평원에서 산출되었다. 226개 둥지에서 202개 번식쌍이 번식에 성공했다. 황새 개체군의 총 개체 수는 최소 1,064 마리로 산출되었다. 가능한 경우 연구원들은 들판-횡단 차량으로 조사한 지역에 가고, 드론을 사용하여 둥지에 있는 알을 확인했다. 이브레이아스카야(Evreiaskaya) 지방에서, 2018년에 187개 둥지가 번식에 성공한 것으로 기록되었다. 이는 1999년보다 3배나 많은 수치이다. 하바롭스키 지방에서, 황새 수는 100개의 번식쌍으로 산출되고 있으며(Andronov & Pronkevitch, 2018), 볼로냐(Bolonsky) 자연 보호 구역, 아이스티니(Aistiny) 야생 동물 보호 구역 및 셰레메티예보 호수 자연 공원과 같은 보호 지역에 집중되어 있다. 프리모스키 지방에서 한카 저지대와 우수리 범람원은 Sergey Surmach, Ivan Tiunov, Anna Barma

에 의해 조사되었다. 그들은 121개 알 또는 병아리가 있는 137개 황새 둥지를 등록했다. 그것은 1999년 조사 수보다 두 배나 많은 수치이다.

중국의 신카이후(Xinkaihu) 자연 보호 구역 근처에 있는 습지에는 76개의 둥지가 지어져 있다. 칸카이스키 자연 보호 구역에는 35개 번식쌍이 등록되었다. 여기는 지난 10년 동안 인공 둥지탑 설치 프로그램이 성공적으로 실행된 곳이다. 한국 국립생태원과 공동 프로젝트로 2020년 이곳에 새로운 삼각대가 세워졌다. 2018년 블라고브셔센크(Blagoveshchenk)에서 개최 된 국제회의에서, 프로그램 실행 결과를 평가했다. 계획된 모든 활동의 약 절반을 달성했다. 물론 아무르-헤이룽 강(Amur-Heilong River)은 그 자체로 범람원 습지를 정화하는 데 많은 도움이 되었다. 2013년 대홍수는 댐이나 제방이 흑룡(the Black Dragon)강을 억제할 수 없음을 보여주었다. 이것은 2013년 7월 홍수 전 아무르 강이 중간 범위에 있는 것처럼 보이는 모습이다.

보전사업 성공의 진정한 지표는 아무르 생태 지역 내 황새 개체군의 회복이다. 1998~1999년의 마지막 개체군 조사 이후, 이 종의 수는 거의 두 배 증가했다. 러시아 지역 서식지에서 약 700개 번식쌍이 번식하고 있다. 보호된 황새 둥지 지역이 4배 증가했음을 보여준다(그림 4-4). 특히 아무르 유역의 중국 부분이 증가했다. 이 종의 모든 둥지의 절반은 현재 보호 지역 내에 있다.

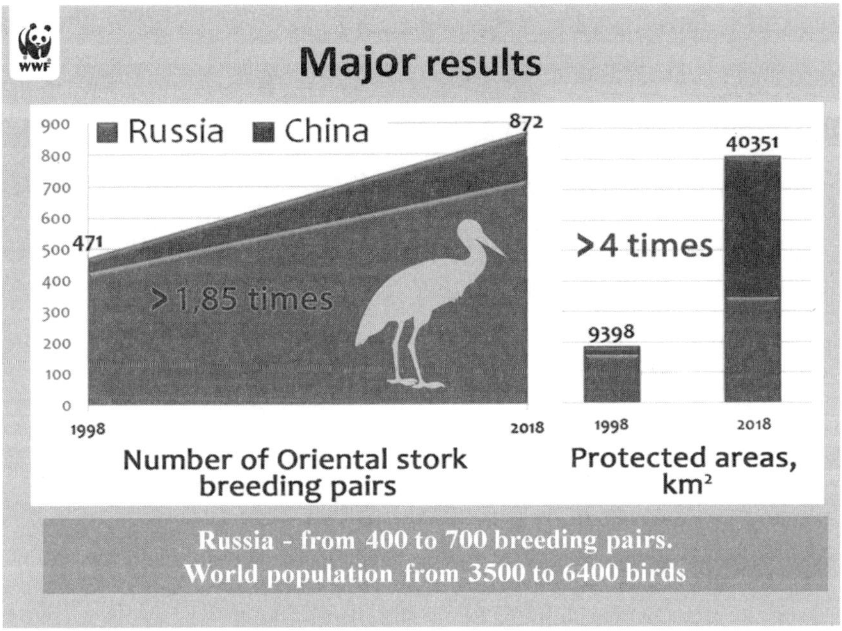

[그림 4-4] 러시아와 중국 황새 개체군 변동과 보호지역 변동

사육 번식 개체군을 위한 최초의 황새는 1981년에 킨간스키 자연 보호 구역에서 수집되었다. 그들의 후손은 토요오카 시 황새고향공원에 기증되었으며, 2005년 일본에서 첫 방사의 기초가 되었다. 킨간스키 자연 보호 구역 황새들은 한국 사육 번식 개체군의 창시자가 되었으며, 2015년에 처음으로 황새가 야생에 방사되었다. 토요오카 시의 재도입 프로그램은 매우 성공적이었으며, 2020년 일본 야생 황새 개체 수는 200마리(교토의 둥지에서 기른 유조 포함)에 이르렀다. 최초 방사 황새들이 홋카이도(Hokkaido)에서 한반도에 도착하여 옛날 철새 이동 경로를 되찾게 되었다. 1998년부터 1999년까지 도쿄 대학과 협력하여, 처음으로 위성통신 송신기를 이용하여 황새 이동 경로를 추적하게 되었다. 또한 2018에서

2020년까지 황새에 무선 추적기를 다는 대량 표식 작업을 했다. 이 작업은 3년 전 바스타크(Bastak)와 훈허(Hunhe) 자연 보호 구역 간 협력 틀에서 시작되었다.

2018년 중국 과학원의 환경 연구 센터와 계약을 체결하여, 중국 과학원에서 100개 이상의 위치 추적기를 러시아 측에 전달하였다. 우리는 이제 다음과 같은 사실을 확실히 알게 되었다. 1년생 황새들 중 30%만이 그들이 추적기를 달았던 장소로 다시 날아왔다. 황하강에서 거대한 둥지를 튼 황새 집단이 형성되었으며, 늦여름의 대부분을 황하강 하구 근처에서 보냈다. 대부분의 황새는 이동 시 아무르 강 유역의 번식지에서부터 발해만(Bohai Bay)과 황해(Yellow sea) 연안을 따라 양쯔강까지 이어진 좁은 경로를 이용한다.

러시아의 표식이 있는 조류 중 한반도까지 날아간 새는 없었다. 표식이 있는 황새 중 일부는 북한 국경 근처의 압록강(Yalu River)을 따라 불규칙적인 패턴으로 이동했다. 그러나 재도입 프로그램을 시작하기 전부터, 우리는 매년 20~30 마리의 황새가 한국에서 겨울을 지낸다는 것을 알고 있다. 따라서 예산군에서 새로 형성된 야생 황새 개체군의 황새를 한카 호수까지 추적하는 것은 매우 중요하다. 황새 B62는 두만(Tumen)강 하구를 경유하여 일본 해안을 따라 날아갔다.

한국 국립생태원는 러시아-중국-한국 황새의 생태 축 보존을 위한 국제적 프로젝트를 제안했다. 이 프로젝트는 황새 이동 경로를 이해하기 위해, 황새에 송신기를 부착하고 정보를 공유하는 공동 연구를 지원할 것이다. 한국은 인공 둥지탑을 설치하여 러시아에 서식하는 황새 번식을 돕고자 한다.

2019년 11월에 저자는 하산스키(Khasansky) 자연공원에서 단기 체류하는 황새를 세어 본 결과 34개체 이었다. 하산스키 지방 자연공원은 북한과의 국경에 위치한 두만강 하류를 따라 존재하는 10,000ha의 매우 중요한 습지를 보호한다. 러시아 전문가들은 2019년 5월에 영양(Yeongyang)군에 있는 멸종위기종복원센터와 예산군에 있는 황새 공원을 방문했다.

양측은 한국과 한카 호수(새로운 중간 기착지로 두만강 하구 포함) 간 철새 황새 이동 경로를 공동 연구하기로 합의했다. 한국 멸종위기종복원센터 대표단이 두만강 지역과 한카 호를 방문하고, 황새 연구 및 보존에 관한 협약을 체결했다. 이 협약 틀에 따라, 2020년 4월 하산스키 자연공원 영역에 황새를 위한 3개의 인공 플랫폼이 최초로 설치되었다.

늦봄과 여름에, 조류 학자들은 건립된 삼각대 둥지탑 근처에서 9~11마리의 황새 유조를 관찰했다. 그러나 그들은 둥지를 짓기 위해 삼각대 둥지탑을 사용하려고 시도하지는 않았다. 우리는 내년 봄에는 황새가 충분히 성숙해 알을 낳을 수 있기를 바란다.

이 독특한 프로젝트는 두만강 하구를 경유하는 황새 번식 개체군을 위해 새로운 철새 이동 경로를 지원한다. 철새 종을 보존하기 위해 아무르 유역의 둥지 지역부터 황하강 및 양쯔강의 월동 지역과 한반도 월동지까지 보호해야 한다.

제3부

습지 보전 현황 및 정책

제5장 국가 습지 정책 및 보전 동향

임정철*

요 약

지구 표면적의 6%를 차지하고 있는 습지는 전 세계 약 10억이 넘는 사람들의 삶의 터전이자 지구상 생물종의 40%가 살아가는 서식처이다. 물과 땅이 만나 이루어진 습지는 쉽게 말해 지하수위가 항상 지표면 가까이 또는 보다 높게 형성되는 곳이다. 항상 습윤한 상태의 토양환경이 유지됨에 따라 산소가 쉽게 결핍되는 혐기성 환경에도 잘 살아갈 수 있는 식물과 이러한 환경에 적응한 동물들이 살아가는 곳이다. 국제보고서에 의하면 1970년대 이후 난개발로 인해 전 세계 습지의 약 35%가 사라졌다고 한다. 이에 1971년 국제사회는 습지의 중요성을 인식하고 사라져가는 습지 보전을 위해 습지 보전에 관한 국제협약인 람사르협약을 체결하였다. 우리나라 또한 국제사회의 노력에 발맞춰 1997년 람사르협약에 가입하였고, 1999년에는 습지보전법을 제정하여 체계적인 습지의 보전 및 보전과 관리에 힘써왔다. 이러한 노력의 결과로 2021년 1월 현재 전국의 47개 습지가 법적 보호를 받고 있으며, 23개 습지를 람사르습지로 등록하여 관리하고 있다. 현재 습지보전법에 따라 5년 주기 실천계획인 제3차 습지보전기본계획('18~'22)을 시행중에 있다. 계획의 주요 목표는 습지 조사의 선진화 및 체계화 하는 것과 습지 보전 및 관리를 강화하는 것, 현명한 이

* 국립생태원 습지센터 선임연구원

용체계를 구축하는 것, 국제협력을 강화하는 것 등 4가지이며 총 11개 세부추진과제를 담고 있다. 본 글은 습지의 정의를 비롯하여 국내·외 습지 보전 동향과 보전 성과, 향후 정책 추진방향 등 습지보전에 관한 전반적인 이해를 통해 습지 관련 업무 담당자들에게 약간의 도움이 되고자 한다.

Ⅰ. 습지보전 정책의 대상

1. 습지란 무엇인가?

'습지'에 대한 학술적 정의는 1890년 미국에서 인쇄된 지리학 분야 연구보고서 'General account of the freshwater morasses of the United States'에서 marshes, swamps, bogs, fens 등의 다양한 유형의 습한 서식처를 일반적인 용어로 정의한 것에서 시작한 것으로 알려져 있다[1]. 습지의 정의를 명확히 하는 것은 습지를 잘 이해하여 과학적이고 체계적으로 보전하고 관리할 수 있는 기초를 제공하기에 매우 중요하다고 할 수 있다. 따라서 습지의 정의는 시대적 변화와 습지 관련 연구의 발달, 나라별 습지에 대한 인식과 관리방법 등에 따라 여러 형태로 정의되었고, 그 유형도 다양하게 분류되기도 하였다.[2] 습지의 형태 및 발달과 관련된 생태학적 접근의 발전은 습지의 시대적 개념에 영향을 끼쳐 정의 및 유형

1) Tiner, R.W., 1999, Wetland indicators: a guide to wetland identification, delineation, classification, and mapping, Lewis Publishers. Boca Raton, London, New York. and Washington D.C. p392.
2) 환경부, 2011, 제3차 전국내륙습지 조사지침 작성 연구.

분류, 경계 설정 등은 부분적으로 변화되어 왔다.

비교적 최근에 이루어진 습지에 대한 과학적 정의는 (1) 배수가 불량한 습생토양으로 기질(substrate)이 이루어져 있거나, (2) 연중 일정기간 수생식물이 발달하거나, (3) 생물이 생육하는 일정 기간 동안 기질이 물에 의해 포화된 경우 중 한 가지를 만족하는 경우로 Cowardin 등이[3] 정의한 것이 가장 대표적이다(표 5－1). 그 밖에 지하수위가 항상 지표면 가까이에 있거나, 습윤·과습한 토양환경에 적응한 친수성 식물 및 다양한 생물들로 습지만의 특징적인 생태계가 반복되어 나타날 수 있는 충분히 긴 시간동안 물이 포화되어 있는 땅[4]을 습지로 정의하기도 한다. 이렇듯 습지에 대한 관심은 습지를 과학적으로 정의하고자 하는 다양한 노력으로 대변되고 있다.

〈표 5-1〉 **습지의 일반적인 조건**

구분	조건
수문	생물의 생육기 또는 상당기간 동안 지하수위가 지표면 가까이 또는 보다 높게 유지
토양	토양은 배수가 불량해 오랫동안 침수되어 물리적, 화학적 변화를 초래하며, 가장 먼저 발생하는 산소의 급격한 감소로 혐기성 환경이 유지
식생	혐기성 토양환경에 적응하기 위해 뿌리까지 산소를 원활하게 공급하기 위한 통기조직이 발달한 식물종으로 구성

습지에 관한 국제협약인 람사르협약에서는 “자연적이든, 인공적이든, 영구적이든, 임시적이든, 물이 정체되어 있든, 흐르고 있든, 담수이든, 기수

3) Cowardin, L.M., V. Carter, F.C. Golet, and E.T. LaRoe, 1979, Classification of Wetland and Deepwater Habitats of the United States, Publ. No. FWS/OBS-79/31, U.S. Fish and Wildlife Service, Washington, D.C.

4) The National Wetland Working Group; NWWG, 캐나다 국립습지위원회

이든, 염수이든 관계없이 소택지(marsh), 습원(fen), 이탄지(peatland) 또는 물로 된 지역으로 간조(썰물)시에 수심이 6m를 넘지 않는 해역을 포함" 하여 정의[5]하고 있다. 최근에는 6m를 넘는 해양지역까지 습지에 포함시키기도 하며, 석호, 이탄지, 깊은 강, 호수 등 보다 넓은 개념에서 습지를 정의하고 있다.

우리나라의 습지보전법에서 '습지'란 담수(민물), 기수(바닷물과 민물이 섞여 염분이 적은 물) 또는 염수(바닷물)가 영구적 또는 일시적으로 그 표면을 덮고 있는 내륙습지 및 연안습지로 정의하고 있다. '내륙습지'는 육지 또는 섬에 있는 호수, 못, 늪, 하천 또는 하구(河口) 등의 지역을, '연안습지'란 만조(滿潮) 때 수위선(水位線)과 지면의 경계선으로부터 간조(干潮) 때 수위선과 지면의 경계선까지의 지역으로 정의하고 있다.[6]

2. 습지의 기능과 가치[7]

습지는 오염물질의 흡수와 자정작용을 통해 '자연의 콩팥'이라고 우리들에게 잘 알려져 있다. 1m^2 당 약 1.5m^{3}에 이르는 물을 저장[8]함으로써 홍수조절과 물의 저장고, 급격한 환경변화로부터 보호하는 완충지이기

5) Ramsar Convention Secretariat, 2010, Wise use of wetlands: Concepts and approaches for the wise use of wetlands, Ramsar handbooks for the wise use of wetlands, 4th edition, vol. 1. Ramsar Convention Secretariat, Gland, Switerland.

6) 국가법령센터(www.law.go.kr) 습지보전법(2021.1.6.)

7) 람사르협약 홈페이지의 습지가치에 대한 내용을 요약 정리함(https://www.ramsar.org)

8) Gleason, Robert A., Tangen, Brian A., Laubhan, Murray K., Kermes, Kevin E. and Euliss, Ned H. Jr., 2007. Estimating Water Storage Capacity of Existing and Potentially Restorable Wetland Depressions in a Subbasin of the Red River of the North. USGS Northern Prairie Wildlife Research Center. 89.

도 하다. 습지에는 많은 양의 영양분이 퇴적되어 물속 미생물과 습지식물의 성장과 번식이 왕성하다. 이러한 기반환경 특성으로 조류, 어류, 포유류, 양서·파충류 등 다양한 야생동물의 먹이터이자 산란처, 생육지로서 중요한 서식처 기능도 한다.

습지는 지구 표면적의 약 6%에 불과하지만 지구 생물종의 약 40% 이상이 담수습지에 서식하는 등 생물다양성 유지에도 매우 중요한 역할을 하고 있다. 이탄습지를 비롯한 다양한 유형의 습지는 이산화탄소를 저장·흡수함으로써 지구온난화를 조절하기도 하고, 대기온도, 습도 등 국지적인 기후에 영향을 미치기도 한다. 우리가 먹는 어패류의 3분의 2의 생활사가 습지와 관련 있으며 식량 생산과 자원 이용 등 각종 인간생활에 기반을 제공하고 있다. 그밖에 습지는 생태교육, 생태관광 및 각종 연구대상지로서 중요한 기능을 가진다. 이러한 습지의 기능은 습지의 유형과 분포, 이해관계자, 국가별로 매우 다양(표 5-2)한 것으로 알려져 있으므로 다양한 자료를 참고하기 바란다.

〈표 5-2〉 **습지의 다양한 기능**

생태적 기능	사회 · 경제적 가치
• 어패류의 산란 및 생육 등 서식지 • 야생조류를 비롯한 야생동·식물의 서식지 • 수질 정화기능 • 기후변화 완충작용 • 생물종다양성 유지 • 영양분의 순환 및 균형유지 • 먹이사슬 유지	• 홍수 조절 기능 • 해안선의 침식방지 및 폭풍 피해 방지 • 목재 등 자원공급 • 생산기능 어장 및 양식장 등 • 여가활동 및 관광기능, 탐조, 환경생태교육, 심미적 효과 등 • 문화적 고고학적 자산가치

3. 습지보전의 필요성

생물다양성이 풍부한 습지는 생물의 생산적 가치가 풍부하며, 급격한 수위 증가를 조절하여 재해를 예방하고, 오염물질을 정화하는 등 환경적, 사회・경제적으로 보전 가치가 매우 높은 자연자원이다[9]. 그러나 습지는 오랫동안 '쓸모없는 땅' 또는 '개발의 대상'으로 여겨져 경제개발이 국가정책의 최우선으로 자리 잡은 1960년대 이후 수십 년 간 다양한 형태로 훼손되거나 소실되어 왔다. 특히 우리나라는 국토의 면적이 좁고 인구밀도가 높으며, 급격한 경제발전으로 대규모 갯벌을 비롯한 많은 습지가 훼손되어 왔다[10]. 습지의 생태적 기능과 사회・경제적 가치를 고려하여 체계적인 제도 속에서 보전 및 관리되기 전에 이미 많은 습지는 개발의 대상이 되었다. 이러한 개발의 위협은 2000년대 초반까지 습지에 대한 생태학적, 경제학적 논란과 함께 각계 부처와 환경시민단체 사이에서 심화되어왔다. 미국의 경우 1970년대까지 서부 캘리포니아주 연안 간척에 막대한 재원을 투자하여 해안의 91%를 개발하였으나, 연안습지의 침식과 수질악화 등이 가속화됨에 따라 보전으로 정책의 방향을 전환한 사례도 있다.

이렇듯 산업화 이후 훼손된 습지의 기능과 가치 개선의 필요성이 전 세계적으로 부각되면서 1971년 국제사회는 람사르협약을 체결하였고, 우리나라는 1997년 대암산 용늪을 국내 1호 람사르습지로 등록하면서 101번째로 람사르협약에 가입하게 되었다. 이러한 분위기를 이어받아 1999년 습지보전법이 제정되어 환경부와 해양수산부의 습지 보전 및 관

9) Mitsch, W.J. and J.G. Gosselink. 2007. Wetlands, 4th ed., 600p. John Wiley & Sons, Inc. New York.

10) 환경부. 2018. 제3차 습지보전기본계획. 세종.

리 기반이 마련되었다. 이후 건강한 생태계의 유지와 보전을 위해 꼭 보전되어야 할 중요한 생태계라는 가치 인식이 분명해져 습지를 보전하고 관리하고자 하는 국민, 환경단체, 정부의 노력이 확산되고 있다. 그러나 여전히 습지의 훼손과 소실은 현재진행형[11]이다. 대규모 간척이나 매립 등에 의한 습지 감소의 대부분이 정부나 지방자치단체 주도로 이루어져 「습지보전법」을 비롯한 관련 법률로 근본적인 습지 훼손과 소실을 방지하지 못하는 실정이다. 세계 5대 갯벌 중 하나인 서해안 갯벌과 4대강 배후습지 등 생태적으로, 사회・경제적으로 중요한 습지가 넓게 분포하고 있으나 '시화호', '새만금' 등 중요한 습지의 훼손은 막지 못했다. 물론 우리는 습지보전체계의 구축 및 국제 교류 확대, 자발적인 습지 보전을 위한 주민의식 고취 등 습지 보전과 보호를 위한 다양한 노력을 전개해 왔다. 그러나 여전히 보다 더 현실성 있는 습지 생태계의 보호 및 관리대책 수립의 필요성이 증가하고 있는 것이 사실이며, 우리는 이러한 현실 타개를 위해 지속적으로 노력해야 할 것이다.

참고

람사협약이란?[12]

람사협약은 단순 보전을 위한 그간의 국제협약과 달리 현명한 이용을 포함한 자연자원과 서식지의 보전에 관한 최초의 국제협약이다. 습지의 훼손 및 소실을 방지하기 위한 각국의 보전 노력 및 현명한 이용의 기본방향 제시를 위해 체결되었다. 정식명칭은 「물새 서식처로서 국제적으로 특별히 중요한 습지에 관한 협약(Convention on Wetland of International Importance Especially as a Waterfowl Habitat)」이다. 협약의 목적은 습지가

11) Im, R, Kim T, Baek C, Lee C, Kim S, Lee J, Kim JY, and Joo G. 2020. The influence of surrounding land cover on wetland habitat conditions: a case study of inland wetlands in South Korea. PeerJ, 8:e9101 https://doi.org/10.7717/peerj.9101

사회적, 경제적, 문화적, 과학적으로 중요한 가치를 가진 자원으로서 손실된 습지의 회복은 어렵다는 공통의 인식하에 습지의 훼손과 손실을 저지시키는 것에 있다. 2020년 12월 기준으로 협약 가입국은 171개국이며, 람사등록습지는 2,414개소(면적 254,543,972ha)이다.

람사협약에 가입한 당사국은 다음의 세 가지 주요 의무 이행을 필요로 한다.

첫째, 당사국은 협약 가입 시 의무적으로 자국 영역 내 1곳 이상의 습지를 국제적으로 중요한 습지목록에 정확한 기재와 지도상의 경계를 표시해 등록해야 한다. 우리나라는 대암산 용늪을 람사르습지로 등록하면서 1997년 3월 람사협약에 가입하였다.

둘째, 당사국은 람사르습지를 포함한 일반습지의 보전과 현명한 이용을 촉진하기 위해 국가차원의 계획 수립과 이행을 필요로 한다. 람사르습지의 물리적, 생태적 환경 변화가 이루어졌거나, 예상되는 경우 협약사무국에 통보해야 한다. 또한 람사르습지가 삭제 또는 축소되는 경우 습지자원의 손실을 보충해야 하며, 종전 서식지에 상당하는 지역을 보호지구로 설정해야 한다.

셋째, 람사르협약의 이행 사항을 검토하고 습지 보전에 관한 국제적 노력을 촉진하기 위해 협약 가입국은 당사국 회의에 참가하여 협약의 이행, 습지목록의 추가 · 변경, 생태학적 특성 변화 등에 관해 토의한다. 당사국 회의는 습지에 서식하는 동 · 식물의 보전 및 관리와 현명한 이용에 대해 개선 · 부흥 등의 권고 권리를 가진다.

한편, 람사르협약은 다른 환경관련 협약 및 국제기구와의 협력체계를 통해 협약의 근본취지 이행에 시너지효과가 있는 것으로 알려져 있다. 이와 관련된 협약은 생물다양성협약(Convention on Biological Diversity, CBD), 야생동물중 이동종의 보전에 관한 협약(The Convention on Conservation of Migratory Species of Wild Animal, Bonn Convention), 세계유산 협약(World Heritage Convention), 유네스코 인간과 생물권 계획(UNESCO Man and Biosphere Programme, MAB), 기후변화 협약(United Nations Framework Convention on Climate Change, UNFCCC) 등이다.

12) 람사르협약 홈페이지의 내용을 요약 정리함(https://www.ramsar.org)

Ⅱ. 우리나라 습지보전 및 관리 체계

습지의 분포, 생물서식 현황, 훼손요인, 이용특성 등 습지 생태계에 대한 과학적인 조사·연구는 습지를 체계적으로 보전·관리하기 위한 필수 요소이다. 우리나라에서 습지 조사에 관한 사항은 습지 보전과 관리에 관한 기본계획을 바탕으로 하며, 이는 습지보전법에 의해 5년마다 갱신되고 있다.

습지보전법 제정 이후 우리나라는 습지보전에 관한 폭발적인 관심과 노력을 이어오고 있다. 법에 따라 전국의 습지를 대상으로 기초조사 또는 정밀조사가 정례화 되었고, 미흡하나마 습지의 건강성을 평가하고 있다. 현장조사를 통한 습지의 생태계 정보는 습지인벤토리, 보고서, GIS DB 형태로 축적되어 지속적으로 갱신되고 있다. 환경부와 해양수산부는 습지보전기본계획을 수립하여 습지와 관련된 조사·연구·보전·복원·교육·인식증진 등을 체계화 해나가고 있으며, 습지보호지역 지정 및 관리는 그 계획의 핵심을 이루고 있다. 그밖에 람사르협약의 이행과 습지보호지역 외 기타 일반습지에 대한 관리와 훼손된 습지에 대한 보상, 습지보호를 위한 교육·홍보 등의 인식증진을 통해 우리나라 습지의 보전 및 관리가 이루어지고 있다.

1. 습지보전법 및 관련 법

습지의 보전 및 관리체계는 법령, 계획, 기구·조직, 조사·연구, 각종 프로그램 등으로 구분 할 수 있다. 이 가운데 법령은 현재 우리나라 습지

보전 및 관리에 관한 계획, 기구·조직, 조사·연구, 각종 프로그램을 이끌어가는 가장 중요한 체계라고 할 수 있다. 습지의 효율적인 보전과 관리를 위해 제정된 습지보전법과 지방자치단체의 조례 등이 법령 체계에 해당한다.

습지보전법은 습지의 효율적인 보전 및 관리에 필요한 사항을 규정하여 습지와 그 생물다양성의 보전을 도모하고, 습지에 관한 국제협력의 증진에 이바지하기 위해 1999년 환경부와 해양수산부 공동의 법률로 제정되었다.[13)]

습지보전법은 총 4개장(총칙, 습지의 보전 및 관리, 보칙, 벌칙) 27개 조문과 부칙으로 구성되어 있다. 습지보전법의 주요 내용은 습지조사 및 습지보호지역 지정과 습지보전기본계획의 수립, 국가습지심의위원회의, 습지보호지역에서의 행위제한 및 출입제한, 인공습지의 조성·관리 등 이다(표 5-3).

〈표 5-3〉 **습지보전법의 주요 내용**

구분	내용
습지조사 제4조(습지조사)	• 생태계 현황, 오염 현황, 습지주변 토지이용 실태 등 습지와 습지주변 현황을 5년마다 조사하는 기초조사를 의무적으로 강제 • 습지 보전 및 개선, 람사르협약 이행 등을 위해 필요한 경우 기초조사 외에 정밀조사와 보완조사 가능 • 습지조사를 위해 필요한 경우 습지조사원을 위촉

13) 공경자. 2002. 습지보전법의 개정 방안의 연구. 해양정책연구 17(2): 1-27.

구분	내용
습지보전 계획 제5조(습지보전 계획의 수립)	• 습지조사 결과를 토대로 환경부장관, 해양수산부장관은 5년마다 습지보전기초계획을 수립 • 환경부장관은 습지보전기초계획을 토대로 해양수산부장관과 협의하여 습지보전기본계획을 수립 • 특별시장 · 광역시장 · 도지사 또는 특별자치도지사는 관할구역 안의 습지보전을 위하여 습지보전실천계획을 수립 • 습지보호지역의 지정권자는 습지보호지역의 보전 및 이용과 관리, 습지보전이용시설의 설치 등에 관한 사항을 포함하여 습지보호지역별로 보전관리계획을 수립
국가습지심의 위원회의 제5조의2 (국가습지심의 위원회의 설치 등)	• 제5차 습지보전법 개정을 통해 습지보전에 관한 주요사항을 심의하기 위해 설치 • 기본계획의 수립 및 변경, 협약 당사국 총회에서 결정된 결의문과 권고사항의 실행, 기타 습지보전정책의 중요사항을 의결
습지지역 지정 제8조(습지지역의 지정 등)	• 습지보호지역, 습지주변관리지역, 습지개선지역 등으로 구분 · 지정하며, 그에 따라 상이한 행위제한, 출입제한을 가함으로써, 습지보호의 효율성을 도모
습지보호지역 등의 행위제한 및 관리 제13조(행위제한)	• 습지보호지역의 효율적인 관리와 지속가능한 습지 이용을 위해 행위제한 사항을 규정 • 규정 위반 시 행위자에게 원상회복 명령 또는 행위에 상응한 조치명령 • 습지보호지역 및 습지개선지역을 관리하는데 필요한 경우 출입 제한 또는 금지

습지보전법에 따른 관계기관별 역할에서 내륙습지의 경우에는 크게 환경부, 유역(지방)환경청, 습지센터, 지자체로 구분된다(표 5-4). 환경부는 주로 법 · 제도를 조직하고 기본계획을 수립하여 지방(유역)환경청이 보전 및 관리에 관한 역할을 할 수 있도록 방향을 설정하며, 습지센터는 이러한 방향설정과 보전 및 관리를 위한 기초자료를 제공 하는 것이

주된 역할이다. 연안습지의 경우에도 해양수산부를 중심으로 지방해양수산청, 해양환경공단, 지자체 등이 역할 분장을 통해 습지를 보전·관리하고 있다.

〈표 5-4〉 **내륙습지 관련 관계기관별 역할**

기관	역할
환경부	① 습지보전법 정비 ② 습지정책 및 제도 개선 ③ 습지보호지역 지정 고시 ④ 람사르습지 등록관리 ⑤ 습지보전/조성지침 ⑥ 습지보전기초 및 기본계획 수립 ⑦ 습지의 현명한 이용 및 확산 ⑧ 습지보전·관리 예산지원 및 배분
유역(지방)환경청	① 습지보호지역 보전·관리 ② 보호지역 관리계획 수립 시행 ③ 민관습지보전협의회 운영 ④ 습지보전이용시설 설치운영 ⑤ 출입제한 및 행위제한 ⑥ 습지안내인(감시원) 운용 ⑦ 시설설치 협의·승인
습지센터	① 내륙습지 기초조사, 정밀조사 ② 습지관련 정책연구 및 지원 ③ 습지보호지역 지정 검토 ④ 보호지역 관리계획 검토 ⑤ 복원 및 조성 평가 ⑥ 현명한 이용 가이드라인 수립 / 인증 ⑦ 이해관계자 역량강화 ⑧ 국내외 습지협력 네트워크
지자체	① 시·도 습지보호지역 지정 및 보전·관리 ② 습지보전 실천계획 수립, 이행 ③ 습지보호지역 생태관광 등 이용 및 활성화

우리나라에서 습지보전법 외에 습지 보전 및 관리와 관련된 법·제도는 야생동·식물보호법, 물환경보전법, 연안관리법, 하천법 등이 있다(표 5-5). 최근, 습지 보전의 필요성과 중요성에 대한 국민적 관심이 높아져 습지와 관련된 법들은 매우 중요한 의미를 가지고 있다.

〈표 5-5〉 **습지관련 법 및 관련 내용**

관련법	관련 내용
야생동·식물보호법	멸종위기 야생생물의 보호 및 관리를 위한 법으로서 서식지 보호에 관한 사항을 비롯하여 증식·복원, 포획과 채취 금지 등에 관한 사항을 담고 있다. 습지보호지역 지정 사유와 유사
물환경보전법	하천·호소(湖沼) 등 공공수역의 물환경을 적정하게 관리·보전하기 위한 법으로서 습지보전법의 대상과 상당부분 중복
연안관리법	연안습지 관리지역과 중복되며, 습지보전법과 유사한 항목으로 구성
해양생태계 보전 및 관리에 관한 법	해양에 서식하는 생물과 서식처의 보호, 해양보호구역 지정 및 관리 등에 관한 내용으로서 습지보전법 제정의 취지와 내용이 유사
하천법	하천습지 보전 및 관리에 관한 내용으로서 습지보전법의 대상 및 목적과 유사

2. 습지보전 관련 계획

습지보전법에 따라 습지 보전 및 관리에 관한 계획은 습지보전기초계획, 습지보전기본계획, 습지보전실천계획, 습지보호지역 보전 및 관리계획 등이 있다(표 5-6).

〈표 5-6〉 **습지보전법상 습지 보전 및 관리에 관한 계획**

<table>
<tr><th colspan="2">구분</th><th>근거법령</th><th>수립주기</th><th>수립주체</th><th>대상지역</th></tr>
<tr><td rowspan="2">습지보전
기초계획</td><td>내륙
습지</td><td rowspan="4">제5조
(습지보전기본
계획의 수립)</td><td rowspan="4">5년</td><td>환경부장관</td><td>전국(내륙습지)</td></tr>
<tr><td>연안
습지</td><td>국토해양부장관</td><td>전국(연안습지)</td></tr>
<tr><td colspan="2">습지보전기본계획</td><td>환경부장관</td><td>전국</td></tr>
<tr><td colspan="2">습지보전실천계획</td><td>시.도지사</td><td>관할구역</td></tr>
<tr><td colspan="2">습지보호지역
보전계획</td><td>제11조
(보전계획의
수립 · 시행)</td><td>부정기</td><td>해당
습지보호지역
지정권자</td><td>습지보호지역</td></tr>
</table>

습지보전기초계획은 의무사항으로 규정하고 있는 습지 기초조사 결과를 토대로 환경부장관과 해양수산부장관이 각각 5년마다 작성해야 하는 계획이다. 이를 토대로 환경부장관은 해양수산부장관과 협의하여 5년 단위 중기계획인 습지보전기본계획을 수립하고 있다. 여기에는 다음 6가지 사항을 포함하고 있다; 1) 습지보전에 관한 시책방향, 2) 습지조사에 관한 사항, 3) 습지의 분포 및 면적과 생물다양성의 현황, 4) 습지와 관련된 다른 국가기본계획과의 조정에 관한 사항, 5) 습지보전을 위한 국제협력에 관한 사항, 6) 기타 습지보전에 필요한 사항으로서 대통령령이 정하는 사항.

현재 우리나라는 제3차 습지보전기본계획('18~'22)을 수립하여 운영중이다. 그동안 습지보호지역 중심의 습지보전 및 관리, 현명한 이용체계를 개선하여 보호지역 이외 지역의 습지도 포괄적으로 통합관리 될 수 있도록 습지조사, 습지보전, 선진제도, 국제협력 등 분야에 핵심 정책과제를 담았다(표 5-7).

〈표 5-7〉 **제3차 습지보전기본계획의 핵심 정책과제**

구분	내용
습지조사	현장중심의 조사체계에서 습지 등급평가체계, 시민과학자 참여·최신 IT기술 적용 등을 활용한 효율적 조사체계로 전환
습지보전 및 관리방향	습지 보전에 지역주민의 관심과 참여를 강화하고, 습지생태축을 고려한 습지복원(대체서식지)및 습지보전 추진
선진제도	습지 총량제, 논습지 보전관리방안 등 지속가능한 습지 보전기반 구축 및 선진적 습지 정책수단 도입 추진
국제협력	국제사회에 람사르습지도시 확산·정착, 한반도 여건변화에 따른 접경지역 남북한 공동 조사·습지보호지역 지정 추진

습지보호지역 보전계획은 습지보호지역별로 수립되며 해당습지의 지정권자가 습지의 체계적인 보전·이용·관리 및 보전·이용시설 설치 등에 관한 사항 등을 포함하여 작성하는 계획이다. 이 계획에는 습지의 보전에 관한 사항, 습지 보전 이용시설의 설치에 관한 사항 등이 포함(습지보전법 제11조)되어야 하며, 당해 지역주민의 삶의 질 향상을 위한 사업, 습지복원과 생물다양성의 유지 등을 위한 사업 등도 포함하도록 규정(동법 시행령 제8조)하고 있다. 마지막으로 습지보전실천계획은 각시·도지사가 관할지역의 습지보전 및 관리를 위해 수립해야할 계획이다.

3. 국내 습지 보전 및 관리 현황

우리나라는 '습지'만을 대상으로 하는 단일법인 「습지보전법」을 통해 습지의 효율적 보전 및 관리에 필요한 사항을 규정하고 있다. 이를 통해 습지와 습지의 생물다양성 보전을 도모하고, 습지에 관한 국제협약 취지를 반영함으로써 국제협력 증진에 이바지함을 목적으로 하고 있다.

1) 내륙습지 현황[14)]

습지보전법에 따라 지금까지 조사된 내륙습지 총면적은 2020년 12월 기준 734.59km^{2}로 국토면적의 0.73%에 해당한다. 유형별로 살펴보면 총 2,499개 중 하천습지 41%(1,025개), 호소습지 25%(633개), 산지습지 22.1% (551개), 인공습지 11.6%(290개)로 구성되어 있다(표 5-8).

〈표 5-8〉 내륙습지 유형별 현황

습지유형	습지 수		습지 면적	
	개수(개소)	비율(%)	면적(m^2)	비율(%)
하천습지	1,025	41.0	524,074,252	71.3
호소습지	633	25.3	137,287,408	18.7
산지습지	551	22.1	14,633,174	2.0
인공습지	290	11.6	58,596,433	8.0
합계	2,499	100.0	734,591,266	100.0

면적 기준으로 경기도(118.9km^2)와 전남(118.0km^2) 지역에서 가장 많은 습지가 조사되어 있다(표 5-9). 개소 수 기준으로 전국에 2,499개 습지가 습지인벤토리에 등록되어 있으며, 전남(394개)과 경북(351개)에서 가장 많은 습지가 조사되어 있다. 행정구역별 습지의 분포면적과 개수는 1999년 습지보전법 제정 이후 2000년부터 보전가치가 높은 습지를 우선적으로 발굴하는 과정에서 지역적 편차가 발생된 것으로서 특별한 의미는 없다고 이해하는 것이 바람직할 것이다.

한편 2020년까지 국립생태원은 제4차 전국내륙습지 일반조사와 제2차

14) 환경부. 2018. 제3차 습지보전기본계획. 세종.

하구역 생태계 정밀조사를 통해 습지보전법에서 정의하고 있는 습지("담수, 기수, 염수가 영구적 또는 일시적으로 그 표면을 덮고 있는 지역")를 직·간접적으로 조사하여 3,840.7km^{2}의 습지를 지도화 하였으며, 그 결과는 별도의 검증 절차를 거쳐 일반에 공개할 예정이다.

〈표 5-9〉 **행정구역별 습지 현황**

행정구역	습지 수		습지 면적	
	개수(개소)	비율(%)	면적(m^2)	비율(%)
강원	249	10.0	58,426,857	8.0
경기	212	8.5	117,933,067	16.1
경남	272	10.9	64,091,902	8.7
경북	356	14.2	114,275,336	15.6
광주	49	2.0	10,255,832	1.4
대구	21	0.8	7,733,030	1.1
대전	13	0.5	1,552,918	0.2
부산	16	0.6	46,654,949	6.3
서울	9	0.4	873,366	0.1
세종	14	0.6	10,821,215	1.5
울산	34	1.4	1,914,087	0.3
인천	10	0.4	4,829,585	0.7
전남	396	15.8	120,004,185	16.3
전북	289	11.6	41,537,701	5.6
제주	116	4.6	2,494,201	0.3
충남	247	9.9	86,837,493	11.8
충북	196	7.8	44,355,542	6.0
합계	2,499	100.0	734,591,266	100.0

2016~2019년 습지보호지역 정밀조사로 4,353종의 생물종 서식이 확인되었으며, 멸종위기 야생생물은 총 67종 확인되었다. 이는 국가생물종 목록에 등록된 조사대상 7개 분야 35,261종('19년 기준)의 12.3%에 해당하는 생물이 19개 습지보호지역에서 확인된 것이다.

2) 연안습지 현황[15)]

연안습지 총면적은 2,487.2km^2(국토 면적의 2.49%)이다. 전라남도지역에 가장 넓은 1,044.4km^2(42%)가 분포하고 있고 경기·인천이 875.5km^2(35.2%), 충남이 357.0km^2(14.3%) 순으로 분포하고 있다(표 5-10). 서해안에 전체의 83.8%가 분포하고 있으며 남해안에 16.2%가 분포하고 있다. 현재의 연안습지 면적은 1987년 대비 716km^2가 감소한 것이다. 이는 갯벌 5km^2가 하루 20ton의 CBD를 처리하는 하수종말처리장 1개소와 기능적으로 같다고 할 때[16)] 140개의 하수처리장이 없어진 것과 같은 효과인 것이다.

〈표 5-10〉 연안습지 분포 현황

구분	면적(km^2)			
	'03년	'08년	'13년	변화량('08-'13)
경기도	177.8	168.8	165.9	-2.9
인천광역시	737.1	703.9	709.6	+5.7
충청남도	367.3	358.8	357	-1.8

15) 해양수산부. 2013. 2013년 전국갯벌면적조사. 세종.

16) 이창근. 2009. 인천 갯벌의 생태적 가치평가와 저서생물에 의한 정화기능의 가치. 인하대학교 박사학위 논문. 인하대학교.

구분	면적(km²)			
	'03년	'08년	'13년	변화량('08-'13)
전라북도	132.0	117.7	118.2	+0.5
전라남도	1,017.4	1,036.9	1,044.4	+7.5
경상남도	91.4	79.1	68.8	-10.3
부산광역시	27.2	24.2	23.3	-0.9
합계	2,550.2	2,489.4	2,487.2	-2.2

※ 전국 해안선조사 측량 사업이 완료되면서 도서지역은 연안습지 면적이 증가, 육지지역은 갯벌 면적이 감소하는 경향

연안습지에 서식하는 무척추동물(대형저서동물)은 총727종[17]으로 확인되어 국내 갯벌의 생물다양성은 우리나라보다 2배나 넓은 와덴해갯벌(4,700km²)[18] 보다 약 5배 높은 것으로 알려져 있다.

3) 습지보호지역 및 람사르습지 현황

습지보전법 제8조(습지보호지역 지정)에서 습지보호지역 지정에 관한 법적 근거를 제시하고 있으며, 구체적인 지정기준은 다음과 같다.

① 자연상태가 원시성을 유지하고 있거나, 생물다양성이 풍부한 지역

② 희귀하거나 멸종위기에 처한 야생동·식물이 서식·도래하는 지역

③ 특이한 경관적·지형적 또는 지질학적 가치를 지닌 지역

2020년 12월까지 전국의 습지보호지역은 총 46개소(1,556.059km²)로

17) 환경부. 2018. 제3차 습지보전기본계획('18～'22). 세종

18) Drent J., Bijkerk R., Herlyn M., Grotjahn M., Voß J., Carausu M.-C. and Thieltges D.W. 2017. Macrozoobenthos. In: Wadden Sea Quality Status Report 2017. Eds.: Kloepper S. et al., Common Wadden Sea Secretariat, Wilhelmshaven, Germany

환경부 지정 27개소(132.265km^2), 해양수산부 12개소(1,415.54km^2), 시·도지사 7개소(8.254km^2)가 지정·관리 중이다(표 5-11). 람사르습지는 총 23개소(19,618ha)이며, 이중 20개소가 습지보호지역과 중복으로 지정·관리되고 있다.

〈표 5-11〉 **습지보호지역 및 람사르습지 현황**

구분	습지보호지역		람사르습지	
	개소	면적(km^2)	개소	면적(ha)
환경부	27	132.265	16	2,205
해양수산부	12	1,415.54	7	16,802
지자체	7	8.254	-	611
합계	46	1,556.059	23	19,618

참고

람사르습지 지정 기준

람사르습지는 크게 5가지 범주에 해당하는 9가지 지정기준 가운데 1개 이상을 충족할 경우 람사르습지로 등록할 수 있는 자격이 주어진다. 전반적인 내용은 아래 표와 같다(표 5-12)[19].

〈표 5-12〉 **람사르습지 지정 기준**

범주	지정기준
대표적이고 희귀, 독특한 형태를 유지하고 있는 습지	적절한 생물 지리학적인 지역 단위에서 대표적이거나, 희귀하고, 독특한 자연적 혹은 거의 자연적 습지의 예가 될 수 있는 습지

19) 경상남도람사르재단(www.gref.or.kr) 람사르등록습지 기준(2020.12.19.)

범주	지정기준
생물다양성 보전을 위한 국제적으로 중요한 습지 생물종 및 생태적 군집에 근거를 둔 기준	민감한 종, 멸종위기종, 혹은 심각하게 서식처가 위협당하고 있는 종 혹은 생태군집이 서식하고 있는 습지
	어떤 특정 생물 지리 지역에서 생물다양성을 유지하는데 매우 중요한 동·식물 군집을 유지하고 있는 습지
	동·식물 종의 군집이 생활사의 중요한 부분(기간)을 보내거나 환경이 좋지 않을 때 피난처로 활용되는 중요한 습지
물새에 의한 기준	20,000 마리 혹은 그 이상의 물새가 정기적으로 서식하는 습지
	어떤 특정 물새의 종 혹은 아종 개체 수가 전 세계 개체 수의 1% 이상이 정기적으로 서식하는 습지
물고기에 의한 기준	고유어종 혹은 해당과에 속하는 어류가 상당히 서식하거나, 습지의 가치를 잘 대변해 주는 어류 군집이 서식하는 습지로 지구 전체의 생물 다양성을 높이는데 기여하는 습지
	해당 습지가 어류의 먹이원의 원천, 산란장, 어린 물고기가 성장하는 곳 및 회유하는 어류군이 이동하는 통로로서 중요한 역할을 하는 습지
다른 분류군에 의한 기준	조류를 제외한 습지에 의존하는 하나의 종 또는 아종의 개체군이 전세계 개체군의 1%가 정기적으로 유지되는 습지

참고

습지보호지역 및 람사르습지 현황('20.12. 기준)((주)습지주변관리지역, (개)습지개선지역)

지역명	면적(km^2)	지정일자(람사르습지등록일자)
환경부 지정: 27개소, 132.265km^2		
낙동강하구	37.718	1999.08.09

지역명	면적(km²)	지정일자(람사르습지등록일자)
대암산용늪	1.360	1999.08.09('97.03.28)
우포늪	8.651(개:0.104)	1999.08.09('98.03.02)
무제치늪	0.184	1999.8.9('07.12.20)
제주 물영아리오름	0.309	2000.12.5('06.10.18)
화엄늪	0.124	2002.02.01
두웅습지	0.067	2002.11.1('07.12.20)
신불산 고산습지	0.308	2004.02.20
담양하천습지	0.981	2004.07.08
신안 장도 산지습지	0.090	2004.8.31('05.03.30)
한강하구	60.668	2006.04.17
밀양 재약산 사자평 고산습지	0.587	2006.12.28
제주 1100고지	0.126	2009.10.01('09.10.12)
제주 물장오리오름	0.610	2009.10.01('08.10.13)
제주 동백 동산습지	0.590	2010.11.12('11.03.14)
고창 운곡습지	1.930(개:0.133)	2011.03.14('11.04.07)
상주 공검지	0.264	2011.06.29
영월 한반도습지	2.772(주:0.857)	2012.01.13('15.05.13)
정읍 월영습지	0.375	2014.07.24
제주 숨은물뱅듸	1.175(주:0.875)	2015.07.01.('15.05.13)
순천 동천하구	5.656(개:0.263)	2015.12.24('16.01.20)
섬진강 침실습지	2.037	2016.11.07
문경 돌리네	0.494	2017.06.15
김해 화포천	1.244	2017.11.23
고창 인천강하구	0.722	2018.10.23
광주광역시 장록	2.704	2020.12.8

지역명	면적(km^2)	지정일자(람사르습지등록일자)
철원 용양보	0.519	2020.12.8
해양수산부 지정: 12개소, 1,415.54km^2		
무안갯벌	42.0	2001.12.28('08.01.14)
진도갯벌	1.44	2002.12.28
순천만갯벌	28.0	2003.12.31('06.1.20)
보성 · 벌교 갯벌	31.85	2003.12.31('06.01.20)
옹진 장봉도 갯벌	68.4	2003.12.31
부안줄포만 갯벌	4.9	2006.12.15('10.02.01)
고창갯벌	64.66	2018.9.3('10.02.01)
서천갯벌	68.09	2018.9.3('09.12.02)
신안갯벌	1,100.86	2018.9.3('11.09.01)
봉암갯벌	0.1	2011.12.16
시흥갯벌	0.71	2012.02.17
대부도갯벌	4.53	2017.03.22
시 · 도지사 지정: 7개소, 8.254km^2		
대구달성 하천습지	0.178	2007.05.25
대청호 추동습지	0.346	2008.12.26
송도갯벌	6.11	2009.12.31('14.07.10)
경포호 · 가시연습지	1.314(주0.007)	2016.11.15
순포호	0.133	2016.11.15
쌍호	0.139(주0.012)	2016.11.15
가평리습지	0.034	2016.11.15

4. 습지 조사 사업 현황

습지의 분포현황 및 공간적·유형별 특성 파악을 위해 환경부, 국토해양부, 산림청 및 지방정부에서는 습지조사를 실시하고 있다(표 5-13). 환경부는 제1차 내륙습지조사(2000~2005), 제2차 내륙습지조사(2006~2010), 제3차 내륙습지조사(2011~2015), 제4차 내륙습지조사(2016~2020), 제1차 습지보호지역 정밀조사(2007~2010), 제2차 습지보호지역 정밀조사(2011~2015), 제3차 습지보호지역 정밀조사(2016~2020), 제1차 하구역 생태계 정밀조사(2006-2014), 제2차 하구역 생태계 정밀조사(2015~2019), 제3차 하구역 생태계 정밀조사(2020)를 실시하여 그 결과를 DB로 구축하고, 습지 생태자연도 작성 및 습지보전기초계획 수립에 활용하고 있다.

2021년부터는 습지의 발굴-조사-보전 체계를 강화하기 위해 위의 5개 조사사업을 내륙습지 기초조사와 내륙습지 정밀조사, 하구 생태계 조사 등 3개 조사사업으로 개편하여 실시하고 있다.

해양수산부는 연안습지의 건강성을 조사하여 등급화하고, 훼손된 습지를 복원하기 위해 갯벌 생태계 조사(1999~2004), 연안습지기초조사(2007~현재)를 실시하고 있다. 산림청에서는 국립수목원, 지방산림청을 중심으로 산림 내에 분포하고 있는 습원을 조사하여 습지식물자원의 확보, 생물다양성 증진 및 산림생태계 보전에 기여하고 있다.

〈표 5-13〉 **습지관련 조사 현황**

주관기관	습지조사사업 명칭	조사기간
환경부	전국내륙습지조사(일반조사. 모니터링, 정밀조사)	2000~2020
	하구역 생태계 정밀조사	2004~2020
	습지보호지역 정밀조사	2007~2020
	내륙습지 기초조사	2021~
	내륙습지 정밀조사	2021~
	하구 생태계 조사	2021~
해양수산부	갯벌생태계 조사(1차 연안습지 기초조사)	1999~2004
	연안습지기초조사(기본, 정밀, 긴급, 모니터링)	2007~2014
	해양생태계 종합조사	2015~현재
산림청	산림습원조사	2006~2020

Ⅲ. 황새 서식지 보전을 위한 습지 보전정책의 방향

우리나라는 1997년 대암산 용늪을 람사르습지로 등록하면서 101번째로 람사르협약 가입국이 되었다. 1999년에는 습지보전법을 제정 하고 우포늪, 낙동강하구, 대암산용늪을 습지보호지역으로 지정하는 등 습지의 체계적 보전 및 관리를 위한 정책기반을 구축하였다. 2000년부터 중요 습지 보전을 목적으로 전국단위 습지조사가 시작되었고 습지 보전의 중요성과 그 필요성에 대한 국민적 공감대 형성을 위해 노력했다.

보다 체계적인 습지 정책 운영을 위해 2007년부터는 5년 단위로 습지 보전 기본계획을 수립하여 습지보전법 이행을 위해 노력하고 있다. 또한, 습지 유형 분류, 습지의 경제적 가치 평가, 습지총량제 도입 등 습지 관련 각종 연구를 통해 정책 기반을 확고히 하고 있다. 지속적인 습지 정책 추진을 통해 지난 20년 동안 람사르습지는 23개소로 증가 하였고, 습지 보호지역은 총 46개소 1,556.06km^{2}로 확대되었다. 그리고 '람사르습지도시'와 같은 습지의 현명한 이용과 보전을 장려하는 국제적인 제도도 만들어낼 수 있었다. 이렇듯 우리나라의 주요 습지정책은 습지 보전을 통해 습지의 기능과 가치가 국민 혜택으로 돌아 갈 수 있도록 하는데 초점을 두고 있다.

약 3,840.7km^{2}의 내륙습지와 약 2,487km^{2}의 연안습지로 이루어진 국토면적의 약 6.2%에 이르는 습지의 체계적인 보전과 지속가능한 이용을 위해 우리는 지금보다 더 많은 에너지 투입이 필요하다. 2021년까지 육상의 17%, 해양의 10% 이상을 생물다양성 보전을 위해 보호하려는 국제사회 공동의 목표에도 불구하고 여전히 생물서식처로서 중요한 지역에 대한 생태적 기초자료의 부족과 보전에 관한 시민의 인식은 부족한 실정이다.

황새 서식처로서 중요한 논습지와 하천습지 지역에 대해서도 우리가 인식하는 보전의 필요성에 비해 실질적인 보전은 답보 상태 이다. 부처간 기능적 관리영역 설정으로 이들 습지에 대한 생태적 가치 평가가 부족하고, 보전의 필요성에 대한 공감대도 부족한 실정이다. 2008년 제10차 람사르총회에서 논생물 다양성 강화를 위한 논습지 결의문 채택에도 불구하고 여전히 보전의 사각지대에 놓인 논습지 보전을 위해 서둘러 관계기관의 힘을 모아 보전 및 관리 방안을 구체화 하도록 많은 관심이 필요한 때이다. 이러한 과정을 통해 우리는 황새뿐만 아니라 따오기, 금개구리, 맹꽁이 등 논을 주요 서식처로 하는 야생생물 보호에 한발 더 가까워질 수 있을 것이다.

최근 우리 사회에서는 시민, 학계 등이 참여하는 효율적인 습지 보전·관리 체계 구축에 대한 요구가 많아졌다. 우리는 황새의 성공적인 재도입을 위해 시민모니터링, 생물다양성 관리계약제도 확대 등 사회적 분위기를 충분히 이용한다면 황새 서식처로서 습지 보전에 많은 도움이 될 것이다.

농촌지역의 논과 하천은 매우 일반적인 생태경관이지만 멸종위기 황새의 안정적인 재도입을 위해서는 필수불가결한 요소이다. 일반적이지만 일반적이지 않은 서식처도 보전 될 수 있도록 사회적 공감대 형성이 필요한 부분이다. 무조건적인 보전이 아닌 보전을 전제로 하는 현명한 이용을 강조함으로써 습지보전이 국민의 삶의 질 향상에 기여할 수 있을 것이다.

시민의 자발적인 참여와 체계적인 조사·연구 계획수립을 통해 황새 서식에 있어 생태적으로 중요한 지역을 적극적으로 발굴하여 보전·관리함으로써 지역주민과 국민이 보전의 혜택을 받도록 하는 현명한 이용체계 구축이 안정적인 황새 복원에 필요한 습지정책 적용 전략이 될 수 있을 것이다.

제6장 충청북도의 습지 현황, 정책 및 보전 방안

배명순*

Ⅰ. 충청북도의 습지와 정책 현황

1. 충북의 습지 현황

1) 습지 규모

우리나라 중앙에 위치한 충청북도는 바다에 접하지 않아 해안습지가 없고, 모두 내륙습지만 존재한다. 2018년 환경부의 「제3차 습지보전기본계획」에 따르면 충청북도의 습지는 199개소, 45.1km^2에 달한다. 이는 전국 습지 면적의 6.1%에 해당하는 것으로, 충북의 토지면적 비율 7.4%에 비해 적은 규모이다. 전국에서 내륙습지의 수가 가장 많은 곳은 전라남도(394개소)이며, 면적이 가장 넓은 곳은 경기도(118.9km^2)이다.

* 충북연구원 선임연구위원

구분	개수	면적(km²)	구분	개수	면적(km²)
강원도	247	57.9	세종특별자치시	12	10.2
경기도	218	118.9	울산광역시	34	1.9
경상남도	274	66.2	인천광역시	6	4.0
경상북도	351	110.8	전라남도	394	118.0
광주광역시	50	11.2	전라북도	287	39.3
대구광역시	23	10.8	제주특별자치도	116	2.5
대전광역시	13	1.6	충청남도	250	88.7
부산광역시	17	46.7	충청북도	199	45.1
서울특별시	8	0.8			
합계				2,499	734.6

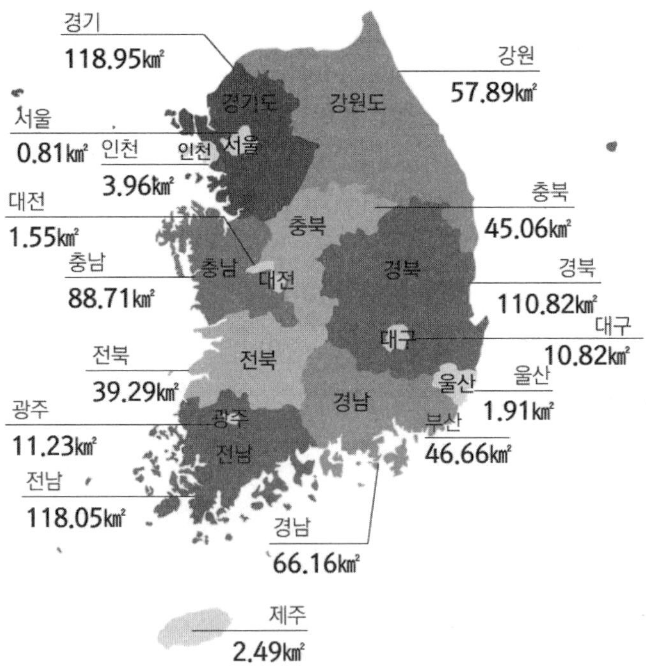

[그림 6-1] 우리나라 내륙습지 분포 현황

출처: 환경부, 제3차 습지보전기본계획, 2018.

[그림 6-2] 전국 내륙습지 분포(2010.8. 기준)

출처: 환경부, 제2차 습지보전기본계획, 2012.

2) 습지 보호지역

습지는 생물다양성의 보고(寶庫)로 국제적으로도 보호하고 있다. 우리나라도 습지보호지역을 지정하여 습지의 보호와 관련 시설을 지원하고 있다. 우리나라에 습지보호지역으로 지정된 곳이 총 44개소(366.0km^2)로 국내 습지의 49.8%를 차지한다. 그러나 안타깝게도 충청북도에는 습지보호지역으로 지정된 곳이 한 곳도 없다.

[그림 6-3] 국내 습지보호 및 람사르습지 지정 현황

출처: 환경부, 제3차 습지보전기본계획, 2018.

3) 충북의 습지 현황

(1) 충청북도 습지 목록[1)]

환경부가 조사한 충청북도의 내륙습지 목록은 단양군의 시루섬 습지(2009)와 충주시의 두모소 습지(2003)이며, 그 외 대부분은 하천변 습지를 대상으로 작성되었다(표 6－1). 이 조사에 따르면 충북에는 총 104개

1) 환경부, 전국 내륙습지 일반조사, 2009.

소가 존재하며, 한강수계에는 하천습지 50개소, 댐과 저수지 같은 인공습지 31개소, 산지의 묵논은 3개소뿐이다. 금강 상류에는 옥천군과 영동군에서 하천습지를 대상으로 가각 2개소, 8개소에 대한 조사가 있었다. 충북의 습지 목록은 다음 표와 같다(습지 훼손을 방지하기 위하여 정확한 위치는 제시하지 않는다).

〈표 6-1〉 **충청북도 습지 목록(환경부, 2009)**

지역	습지명	행정구역	습지유형
남한강 상류	솔방죽 습지	제천시 모산동	인공습지(저수지)
(제천시)	뒤들방죽 습지	제천시 모산동	인공습지(저수지)
	장평 습지	제천시 봉양읍 장평리	하천 습지
	신동 습지	제천시 신동	하천 습지
	뒤실지 습지	제천시 송학면 포전리	인공습지(저수지)
	신리 습지	제천시 청풍면 신리	인공습지(댐)
	궁골 습지	제천시 봉양읍 구학리	하천습지(배후습지)
	팔송 습지	제천시 봉양읍 팔송리	하천습지
	벼루박달 습지	제천시 봉양읍 연박리	하천습지
	화당 습지	제천시 백운면 화당리	하천습지
	탄지 습지	제천시 한수면 탄지리	인공 습지(댐)
	상 탄지 습지	제천시 한수면 탄지리	하천 습지
	착골재 습지	제천시 수산면 적곡리	산지 습지(묵논)
	원대 습지	제천시 수산면 원대리	하천 습지
	상천천 습지	제천시 수산면 하천리	인공 습지(댐)
	만덕봉 습지	제천시 수산면 능강리	산지 습지
	요골 습지	제천시 봉양읍 견박리	하천 습지
	굴탄 습지	제천시 봉양읍 구곡리	하천 습지
	상 송한 습지	제천시 송학면 송한리	자연 습지
	안말지	제천시 송학면 포전리	인공 습지

지역	습지명	행정구역	습지유형
	솔티 저류지	제천시 장락동	인공 습지
	한의동 저류지	제천시 봉양읍 명도리	인공 습지
	절골 저류지	제천시 신백동	인공 습지
	오미 저수지	제천시 송학면 오미리	인공 습지(저수지)
	신곡 소류지	제천시 신곡동	인공 습지
	신곡 저수지	제천시 신곡동	인공 습지(저수지)
	백마 저수지	제천시 백운면 도곡리	인공 습지(저수지)
	몽암사 소류지	제천시 명지동	인공 습지
	신곡교 습지	제천시 신곡동	인공 습지(묵논)
	골말 저수지	제천시 금성면 월림리	인공 습지(저수지)
	마제골 소류지	제천시 두학동	인공 습지
	한천제 소류지	제천시 고명동	인공 습지
남한강 상류 (충주시)	원곡천 습지	충주시 엄정면 신만리	하천 습지
	목계 습지	충주시 엄정면 목계리	하천 습지
	원토곡 습지	충주시 동량면 대전리	인공 습지(소류지)
	용대 습지	충주시 동량면 용교리	하천 습지
	버레 습지	충주시 금릉동	하천 습지
	능암 습지	충주시 금릉동 능암	하천 습지(배후 습지)
	서우 습지	충주시 가금면 가주동	하천 습지
	대제 습지	충주시 호암동	인공 습지(저수지)
	달천 동막 습지	충주시 이류면 풍동	하천 습지
	싯계 습지	충주시 이류면 문주리	하천 습지
	탑동 습지	충주시 이류면 문동리	하천 습지
	진말 습지	충주시 살미면 운전리	인공 습지(댐)
	흑목 습지	충주시 동량면 서운리	산지 습지(묵논)
	삼탄 습지	충주시 산척면 명서리	하천 습지
	명돌 습지	충주시 산척면 명서리	하천 습지
	용섬 습지	충주시 탄금동	하천 습지

지역	습지명	행정구역	습지유형
	섬들 습지	충주시 탄금동	하천 습지(배후 습지)
	검단 습지	충주시 이류면 검단리	하천 습지
	신중 습지	충주시 주덕읍 신중리	하천 습지
	자사골 습지	충주시 이류면 문주리	하천 습지
	탑평 습지	충주시 가금면 탑평리	하천 습지
	월상 습지	충주시 금가면 월상리	하천 습지
	원포 습지	충주시 금가면 원포리	하천 습지
	부노골 습지	충주시 가금면 장천리	하천 습지(배후 습지)
	장자 늪	충주시 가금면 장천리	하천 습지(배후 습지)
	참음대늪 및 산두늪	충주시 가금면 장천리	하천 습지(배후 습지)
	두모소 습지	충주시 엄정면 목계리	하천 습지(배후 습지)
	여우섬 습지	충주시 소태면 양촌리	하천 습지
	하청나루 습지	충주시 가금면 가흥리	하천 습지
	비내섬 습지	충주시 앙성면 조천리	하천 습지
	덕음 습지	충주시 소태면 덕음리	하천 습지
	덕은나루 습지	충주시 앙성면 영죽리	하천 습지
	개치나루 습지	충주시 앙성면 강천리	하천 습지
남한강 상류 (단양군)	용진 습지	단양군 영춘면 용전리	하천 습지
	영춘 습지	단양군 영춘면 영춘리	하천 습지
	향산 습지	단양군 가곡면 향산리	하천 습지
	보발 습지	단양군 가곡면 향산리	하천 습지
	백암 습지	단양군 어상천면 가대리	하천 습지
	안마을 습지	단양군 어상천면 가대리	하천 습지
	사평 습지	단양군 가곡면 사평리	하천 습지
	매포천 습지	단양군 매포읍 하괴리	하천 습지
	우덕 습지	단양군 매포읍 우덕리	하천 습지
	도담 습지	단양군 가곡면 도담리	인공 습지(댐)
	별곡 습지	단양군 단양읍 별곡리	인공 습지(댐)

지역	습지명	행정구역	습지유형
	시루섬 습지	단양군 단양읍 중도리	인공 습지(댐)
	구동 습지	단양군 적성면 문곡리	인공 습지(댐)
	현천리 습지	단양군 가곡면 현천리	하천 습지
	적성 습지	단양군 단양읍 상방리	인공 습지(댐)
	내울산 습지	단양군 대강면 원산리	산지 습지(묵논)
	문봉재 1 습지	단양군 대강면 원산리	산지 습지
	문봉재 2 습지	단양군 대강면 방곡리	산지 습지
	파랑 소류지	단양군 적성면 파랑리	인공 습지
	파랑 습지	단양군 적성면 파랑리	하천 습지(배후 습지)
	도곡 소류지	단양군 매포읍 도곡리	인공 습지
	각기 못	단양군 적성면 각기리	인공 습지
남한강 하류	병암교 습지	음성군 생극면 병암리	하천 습지
	귀만이 습지	괴산군 청천면 귀만리	하천 습지
	도원 습지	괴산군 청천면 도원리	하천 습지
	원검승 습지	괴산군 괴산읍 검승리	하천 습지
	터발말 습지	괴산군 칠성면 송동리	하천 습지
	하문 습지	괴산군 불정면 하문리	하천 습지
	운암 습지	청주시 미원면 운암리	하천 습지
금강 상류 (옥천군)	수북리 습지	옥천군 옥천읍 수북리	하천 습지
	쇠보두 습지	옥천군 안남면 지수리	하천 습지
금강 상류 (영동군)	서금동 습지	영동군 심천면 심천리	하천 습지
	원골 습지	영동군 심천면 심천리	하천 습지
	초강 습지	영동군 심천면 심천리	하천 습지
	용화리 습지	영동군 용화면 용화리	하천 습지
	수래너머 습지	영동군 상촌면 상도대리	하천 습지
	수마래미 습지	영동군 황간면 마산리	하천 습지
	옥포교 습지	영동군 황간면 마산리	하천 습지
	우매마을 습지	영동군 황간면 우매리	하천 습지

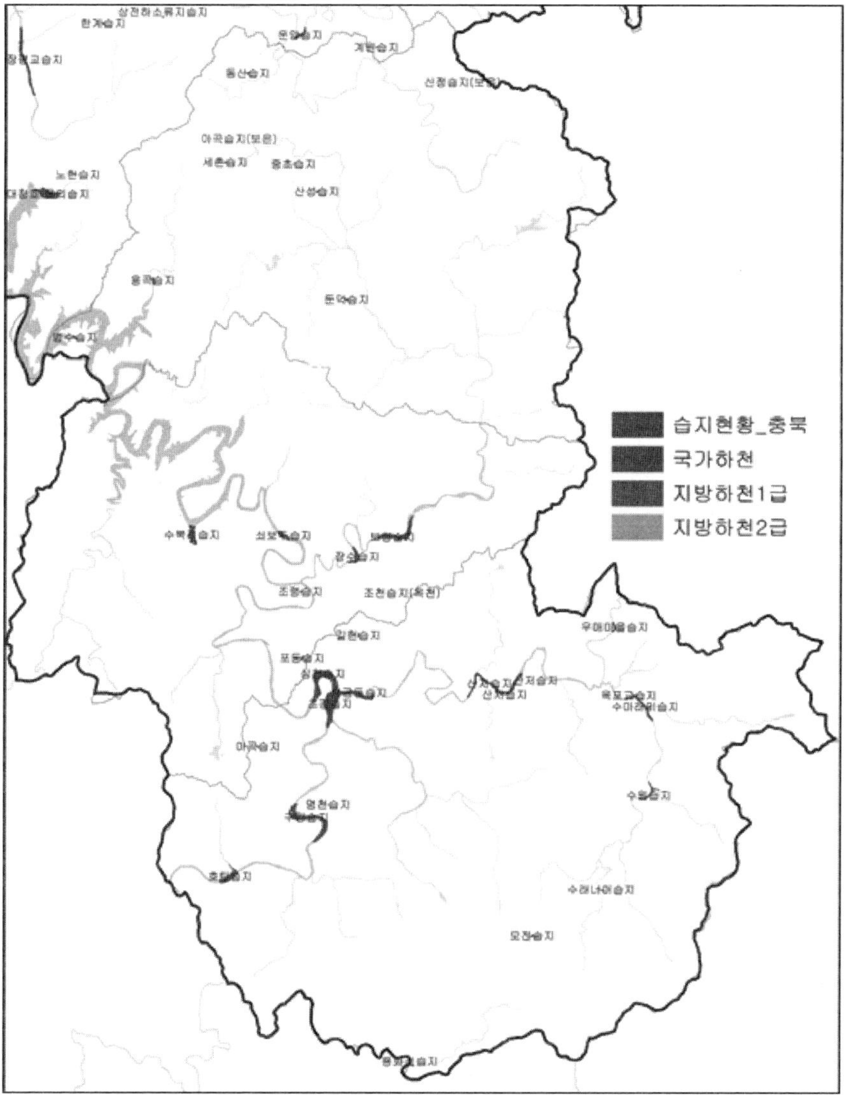

[그림 6-4] 충북 남부권의 습지 현황

자료: 충청북도지속가능발전협의회, 충북 습지보전조례 제정 연구, 2019.

[그림 6-5] 충북 중부권 습지 현황

자료: 충청북도지속가능발전협의회, 충북 습지보전조례 제정 연구, 2019.

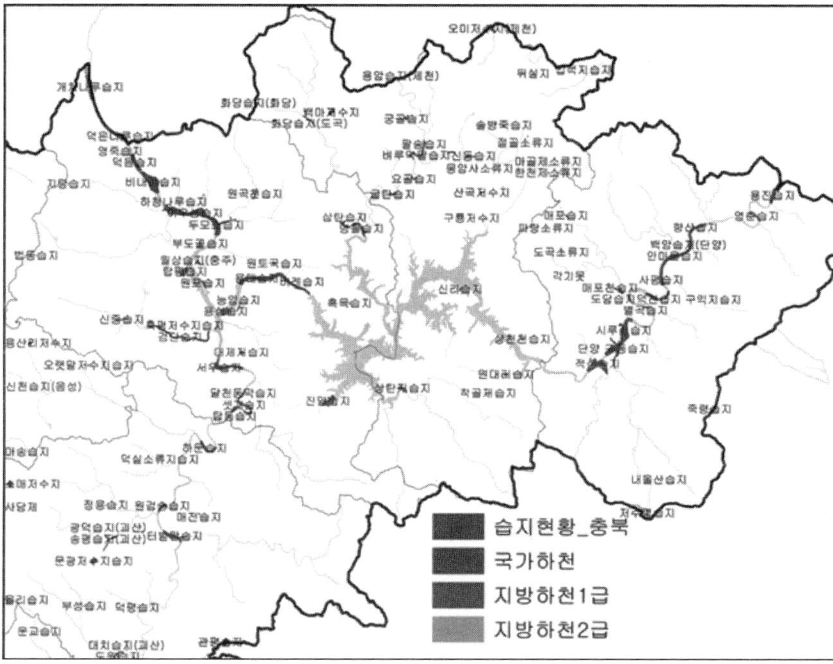

[그림 6-6] 충북 북부권 습지 현황

자료: 충청북도지속가능발전협의회, 충북 습지보전조례 제정 연구, 2019.

(2) 충북의 주요 습지와 생물종 조사[2)]

습지에는 매우 많은 생물들이 서식하고 있다. 환경부의 습지 정밀조사 결과에 따르면, 충북의 대표적인 습지 3곳(충주시 두모소 습지, 단양군 시루섬 습지, 영동군 심천 습지)의 생물종을 조사하였다.

---

2) 충청북도, 충북 생물다양성 전략 수립, 2017.

〈표 6-2〉 **충청북도 주요 습지의 생물종**

습지명	생물종		주요 종	
두모소	식물상	78종 (수생식물 19종)	우점종	갈대
	포유류	7종	발견종	두더지, 너구리, 대륙족제비, 고양이, 고라니, 멧토끼, 청설모
	조류	24종	특정종	원앙, 황조롱이, 물총새
	양서류	4종	발견종	두꺼비, 청개구리, 참개구리, 한국산개구리
	파충류	6종	발견종	자라, 누룩뱀, 무자치, 유혈목이, 쇠살모사, 살모사
	어류	24종	우점종	피라미
			한국고유종	줄납자루, 중고기, 참중고기, 몰개, 긴몰개, 돌마자, 새코미꾸리, 참종개, 눈동자개, 퉁가리, 얼룩동사리
	저서무척추	80종	우점종	잠자리류
	곤충	46종	-	
시루섬	식물상	230종	특정식물종	4등급 쪽버들 3등급 벌사상자, 물옥잠, 분버들 2등급 물질경이, 곽향 1등급 쥐방울덩굴, 낙지다리, 물쑥, 보풀, 통발, 애기쉽싸리, 뻐꾹채
	포유류	9종	멸종위기 I 급 천연기념물	수달
	조류	35종	천연기념물	붉은배새매, 황조롱이

습지명	생물종		주요 종	
	양서파충류	7종	우점종	참개구리
	어류	24종	멸종위기Ⅱ급	묵납자루, 돌상어
			천연기념물	어름치
	저서무척추	24종	우점종	등줄하루살이, 꼬마줄날도래
	곤충	69종	발견종	억새노린재, 광대노린재, 칠성무당벌레, 어리호박벌, 장수말벌, 꽃등에, 파리매, 넉점박이불나방 등
심천	식물상	75종	우점종	달뿌리풀, 물냉이, 갈대
	포유류	11종	멸종위기Ⅰ급	수달
	조류	76종	멸종위기Ⅱ급	조롱이, 새호리기, 흰목물떼새
			천연기념물	원앙, 붉은배새매, 황조롱이, 소쩍새, 솔부엉이
	양서파충류	17종	우점종	참개구리
	어류	19종	멸종위기Ⅰ급	감돌고기
			멸종위기Ⅱ급	꾸구리
	저서무척추	1,751종	대표종	플라나리아, 왕잠자리, 줄날도래, 줄물방개, 물자라, 각다귀, 강하루살이, 밀잠자리, 꼬마하루살이 등
	곤충	72종	-	

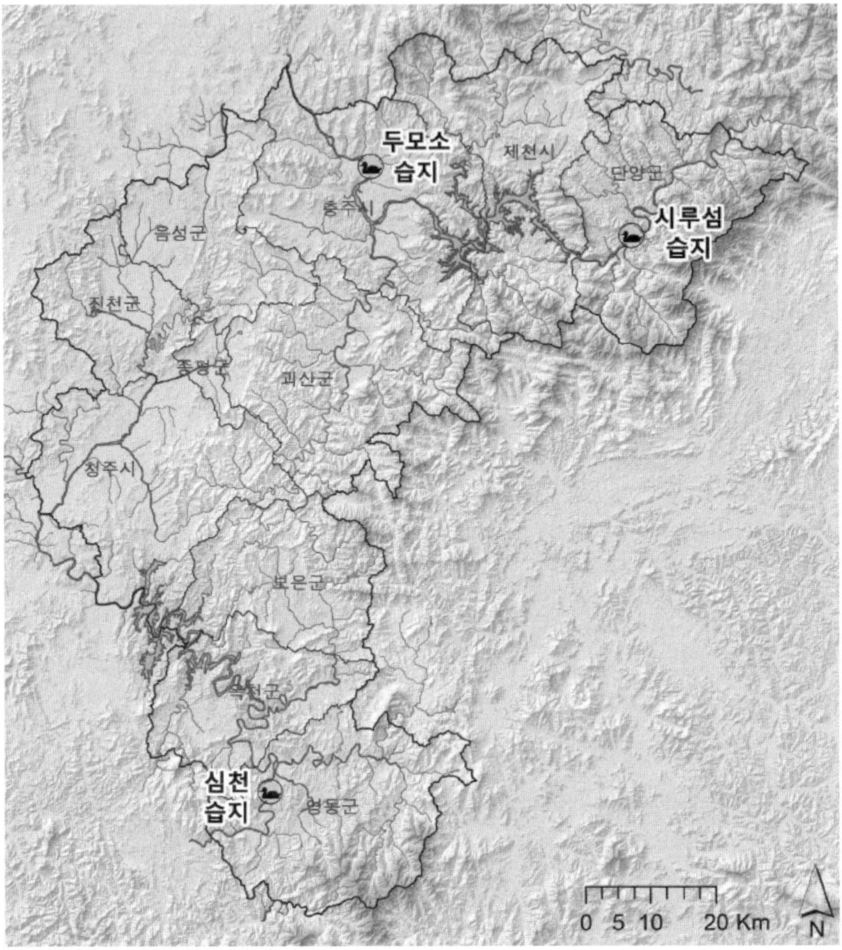

[그림 6-7] 충북의 주요 습지(두모소, 시루섬, 심천)

출처: 충청북도, 충북 생물다양성 전략 수립, 2017.

(3) 산림유전자원보호구역 내 산림습지

산림보호법에 의하여 지정된 충청북도의 산림유전자원보호구역은 24개소이며, 이 중 산림습지는 8개소이다. 산림습지의 현황은 다음과 같다.

〈표 6-3〉 충북의 산림유전자원보호구역 중 산림습지 현황(2015년 기준)

명칭	지정일자	수종	위치	면적(km^2)
조천리	2009.11.25.	버드나무, 주름조개풀, 모시물통이 등	괴산군 청안면 조천리	0.04
대야산	2009.11.25.	골풀, 보풀, 고사리, 물쑥 등	괴산군 청천면 삼송리	0.08
방곡리	2009.11.25.	버드나무, 물봉선, 비녀골풀 등	단양군 대강면 방곡리	0.49
북암	2009.11.25.	오리나무, 고마리 등	보은군 속리산면 북암리	0.07
능강리	2009.11.25.	버드나무, 고비, 모시물통이 등	제천시 수산면 능강리	0.38
도하리	2009.11.25.	주름조개풀, 달뿌리풀, 고마리, 물봉선 등	진천군 문백면 도하리	0.04
사양리	2009.11.25.	주름조개풀, 달뿌리풀, 고마리, 물봉선 등	진천군 문백면 사양리	0.03
지동리	2009.11.25.	버드나무, 고마리, 고추나무 등	충주시 동량면 지동리	0.03

2. 습지와 관련한 충북의 정책

1) 자연환경보전 조례

타 지역에 비해 습지의 수와 면적이 적은 충청북도는 습지보전을 위한 노력이 필요하다. 그럼에도 충청북도는 습지를 보호하기 위한 조례가 없는 실정이다. 다만, '충청북도 자연환경보전 조례' 제11조, 제12조에 습지의 관리에 대해 언급한 부분이 있을 뿐이다. 이 조례에서 습지보호지역을 지정할 수 있다고 규정하고는 있으나, 실제 지정한 사례는 없다.

충청북도 자연환경보전 조례

(2016.10.28. 일부개정)

제3장 습지 관리

제11조(습지보호지역 지정) ① 도지사는 습지 중 특별히 보전할 가치가 있는 지역은 「습지보전법」 제8조에 따라 습지보호지역으로 지정할 수 있다. 〈개정 2013. 9. 27〉

② 도지사는 습지보호지역을 지정 또는 변경·해제하고자 하는 경우에는 제4조를 준용 한다. 〈개정 2016. 10. 28〉

제12조(습지 관리) ① 도지사는 습지의 수생식물 번식 확대로 육지화가 급속히 이루어 질 경우 전문가의 자문을 얻어 습지의 일정 구역은 일정기간을 정하여 수생식물을 제거하는 등 습지의 육지화 방지에 노력하여야 한다. 〈개정 2013. 9. 27〉

② 습지보전 및 운영에 관한 세부적인 사항은 규칙으로 정한다.

2) 충청북도 환경보전계획(2016~2025)

충청북도는 2017년에 「충북 환경보전계획(2016~2025)」을 수립하였다. 이 계획에서는 이전에 수립한 환경보전계획(2007~2015)에 대한 평가를 수행했는데, 이 평가에서 습지와 관련하여 수립했던 '습지의 정밀조사 및 습지 저수능력을 이용한 수자원 함양' 사업이 추진되지 않았다고 평가하였다.

한편, 「충청북도 환경보전계획(2016~2025)」에서는 충북의 자연환경 개선을 위해 우선 시행해야 할 과제에 대해 도민을 대상으로 조사하였다. 조사 결과, 자연환경 분야에서 우선적으로 시행해야 할 과제로 '산림 및 개발제한구역의 보존(31.0%)'이 가장 많았다. 다음은 '녹지 부족 지역의 공원 확대(25.2%)', '수질오염 개선을 통한 수생태계 보존(18.8%)', '자연환경보전을 위한 적극적인 교육 · 홍보(12.9%)', '호소, 습지 등 주요 생물서식처 보존(9.7%)', '기타/복수응답/미응답(2.3%)' 순으로 응답했다. 도민들도 습지에 대한 인식이 낮은 것을 알 수 있다.

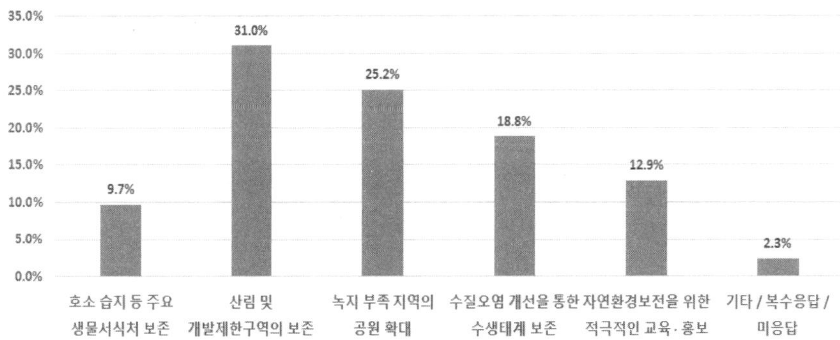

[그림 6-8] 충북 자연환경 개선을 위한 우선 시행사업에 대한 도민 인식조사 결과
출처: 충청북도, 충청북도 환경보전계획, 2017.

「충청북도 환경보전계획(2016~2025)」의 비전은 '자연과 함께 살아가는 행복한 충북'이며, 3개의 추진목표 '생물이 생장가능한 지역사회 구축', '자연과 도민이 동화되는 녹색 충북', '지역생물 다양성 DB화 및 교란종 제거'를 제시했다. 그러나 세부 사업에는 습지와 관련한 사업이 존재하지 않으며, 생태단절지점 복원사업을 위한 생물 서식처별(산림, 습지, 하천, 하구역) 세부지침이 필요하다는 언급에 그치고 있다.

3) 충청북도 종합계획(2011~2020)

충청북도 종합계획에서는 '생명과 태양의 땅 충북'이라는 비전을 설정하고, 5가지 목표를 제시하였다. 목표를 달성하기 위해 8가지 추진전략을 제시했는데, 이 중 '쾌적한 생활 및 따뜻한 복지체계 구축'의 전략사업의 주요 과제로 '안정적인 용수공급 계획'을 제시하였고, 과제의 세부 실천방안으로 '습지 정밀조사 및 보전계획 수립'이 포함되어 있다. 그러나 이후 습지 정밀조사 및 보전계획은 수립하지 않았다.

4) 충청북도 생물다양성 전략 수립(2017)

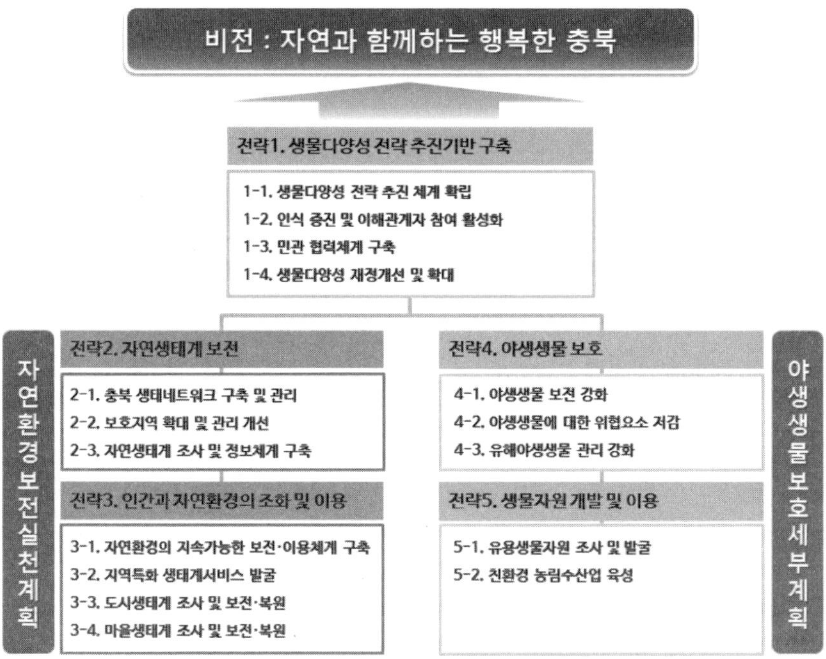

[그림 6-9] 충북 생물다양성 전략의 비전과 전략(2017)

출처: 충청북도, 충청북도 생물다양성 전략, 2017.

2017년에 수립한 「충청북도 생물다양성 전략」은 '자연과 함께하는 행복한 충북'이라는 비전 아래 '생물다양성 전략 추진기반 구축', '자연생태계 보전', '인간과 자연환경의 조화 및 이용', '야생생물 보호', '생물자원 개발 및 이용'이라는 5가지 전략을 제시하였다. 그러나 생물다양성에 대한 습지의 역할과 중요성에도 불구하고 세부 실천과제에서는 습지보호와 관련된 것이 전혀 제시되어 있지 않다.

Ⅱ. 충청북도의 습지 보전 방안

1. 충북 습지보전 실천계획 수립

충청북도에는 적지 않은 습지가 분포하고 있음에도, 습지보전법이나 자연환경보전조례에서 규정하고 있는 습지보호지역이 지정되어 있지 않고, 습지보전실천계획도 수립되어 있지 않다. 자연환경보전계획이나 생물다양성전략에서도 습지에 대한 전략과 세부과제가 제시되어 있지 않다. 충북의 습지보전을 위해 별도의 습지보전실천계획을 수립하여야 할 것이다. 이에 비해 청주시는 「청주시 환경보전계획(2016～2025)」에서 생태계 우수지역 및 우수 생물자원보전의 실천사업으로 '습지 및 금개구리 서식지 복원사업'을 제시하고 있다. 이 사업에서는 장기적으로 습지보호구역으로 지정해야 한다고 제안하고 있다.

타 광역자치단체 중 습지보전 실천계획을 수립한 우수 사례로는 경상남도가 있다. 1차 계획(2009～2013년)에서는 습지보전을 위해 4개의 실천목표, 14개 중점추진과제를 제안했고, 2차 계획(2014～2018년)에서는 3개의 실천목표, 10개의 중점 추진과제를 제안했다.

1차 계획

4개 실천목표 ···· 14개 중점추진 과제

❶ 습지관리제도 기반구축
- 1-1. 습지보전 법제의 지자체 적용방안
- 1-2. 논습지 생태계 관리 관련기관 제조의 분석 및 대응장치 마련

❷ 습지의 보전과 지속가능한 이용
- 2-1. 도내 습지의 등급분석 및 관리 우선순위 선정
- 2-2. 습지보호지역, 람사르습지 등록대상지역, 신규 습지 발굴
- 2-3. 습지에대한 지속가능한 관리-복원-이용계획

❸ 습지의 보전에 관한 협력체계 강화
- 3-1. 도내 습지의 주요 생물종 서식실태와 희귀종 보전체계 구축
- 3-2. 이동성 조류의 보전과 AI방지를 위한 국내-국제적 네트워크 구축
- 3-3. 낙동강 하류-지류의 습지 통합관리체계 기반 구축
- 3-4. 북한지역 습지분포 현황 및 남북공동연구 방향

❹ 습지에 대한 교육 및 인식 증진
- 4-1. 도내 습지의 대국민 홍보 및 청소년 습지교육 방안 구축
- 4-2. 도내 자원봉사자 및 습지관련 기관의 현황분석
- 4-3. 습지교육프로그램 개발 지침 구축
- 4-4. 지역주민의 주도적 습지관리 참여방안

2차 계획

3개 실천목표 ···· 10개 중점추진 과제

❶ 과학적 습지조사
- 1-1. 습지조사 강화
- 1-2. 과학적 습지평가 실시
- 1-3. 경상남도 습지인벤토리 구축

❷ 습지보전 및 복원관리
- 2-1. 습지보전-관리강화
- 2-2. 생태건강성 회복을위한 습지복원 및 기능 개선
- 2-3. 습지생물다양성 보전체계 구축

❸ 습지의 현명한 이용
- 3-1. 습지의 현명한 이용 활성화
- 3-2. CEPA행동계획에 의거한 경상남도 행동계획 및 실행계획
- 3-3. 현장기반형 습지인식증진 활동 강화
- 3-4. 지방자치단체 습지관리 역량강화

[그림 6-10] 경상남도 습지보전 실천계획의 목표와 중점 추진과제

출처: 경상남도, 경상남도 습지보전 실천계획, 2014.

2. 충청북도 습지조례(안)

1) 습지조례 제정방향

충북의 습지를 보전하기 위해서는 타 지역과 같이 습지조례를 제정하

고, 이를 근거로 습지보전실천계획의 수립과 다양한 사업을 발굴・실천해야 한다. 이 습지보전실천계획은 충청북도 환경보전계획과 자연환경보전실천계획(생물다양성전략)의 비전 및 전략과 연계시킬 필요도 있다. 충북의 습지조례에는 다음의 내용이 포함되어야 한다.

- 총론: 목적, 용어정의, 도지사 책무
- 실천계획 수립: 습지보전실천계획 수립, 습지보전위원회 설치 및 운영, 습지의 조성 및 관리
- 습지보호지역등의 지정: 보호지역 지정, 주민지원 사업, 습지보전민간단체의 설립 및 지원, 교육・홍보・정보공개
- 습지 관련 조직 개편, 예산 확보, 계획 수립, 연구조사, 습지 인벤토리 구축 등의 업무 지원
- 국내외 협력 증진 등에 관한 사항

2) 충청북도 습지 조례(안)

충청북도 습지 보전 및 관리 조례(안)

(제정) 2021-00-00 조례 제 0000호

제1조(목적) 이 조례는 습지보전법에 따라 도내 습지의 효율적 보전 및 관리와 생물다양성의 보전을 도모하고 도민이 보다 건강한 생활을 할 수 있도록 함을 목적으로 한다.

제2조(용어 정의) 이 조례에서 사용하는 용어의 뜻은 다음과 같다.

1. '습지'란 담수・기수 또는 염수가 영구적 또는 일시적으로 그 표면을 덮고 있는 지역을 말한다.
2. '내륙습지'란 육지 또는 호 또는 소와 논(둠벙) 등의 지역을 말한다.

제3조(도지사의 책무) ① 도지사는 습지를 보전할 책임을 다하여야 한다.

② 도지사는 환경부장관의 습지보호지역 지정 및 보전에 관한 시책의 수립 · 시행에 협력하여야 한다.

제4조(습지보전실천계획의 수립) ① 도지사는 도내 습지의 효율적 보전을 위하여 5년마다 습지보전실천계획(이하 "실천계획"이라 한다)을 수립하여야 하며, 다른 법률 규정에 따른 습지보전 관련계획은 최대한 존중되어야 한다.

② 실천계획에는 다음 각 호의 사항을 포함하여야 한다.

1. 습지보전 목표 및 시책의 실천방향
2. 습지보전 관리를 위한 단계별 보전시책 및 사업계획
3. 습지의 분포 및 면적과 생물다양성 현황에 관한 사항
4. 습지와 관련된 습지보전 기본계획과의 연계 실천방향
5. 습지 관련 행정 및 전문조직 개편 및 예산 확보방안
6. 습지 관련 계획의 수립, 연구조사, 습지 인벤토리 구축 등의 지원
7. 실천계획 시행을 위한 소요재원 및 재원의 조달방법
8. 그 밖에 습지보전에 필요한 사항 등

③ 실천계획을 수립할 때에는 「습지보전법」 제5조의 기준을 따른다.

제5조(주민지원사업) ① 도지사는 습지보호지역 등에 수질오염 등으로 습지생태계에 직접 영향을 미칠 수 있는 지역에 대해서는 우선적으로 오수 및 하 · 폐수의 처리를 위한 지원을 할 수 있으며, 환경친화적 농 · 임 · 어업의 육성을 위하여 필요한 조치를 취할 수 있다.

② 도지사는 습지보호지역 및 주변 지역주민에게 소득증대 및 복지 증진 등을 위하여 필요한 사업을 예산의 범위에서 지원할 수 있다.

제6조(습지보전위원회 설치) 습지보전에 관한 다음 각 호의 사항을 심의하기 위하여 도지사 소속하에 충청북도습지보전위원회(이하 "위원회"라 한다)를 둔다.

1. 습지보전 실천계획 수립 및 변경
2. 그 밖에 습지보전에 관한 중요한 사항으로써 도지사가 심의에 올리는 사항

제7조(위원회의 구성 · 임기) ① 위원회는 위원장 1명과 부위원장 2명을 포함하여 20명 이내의 위원으로 구성한다.

② 위원회의 위원장은 행정부지사가 되고, 부위원장은 습지 업무를 담당하는 국장이 된다. 나머지 부위원장은 민간 위원 중 호선한다.

③ 위원은 습지에 관한 학식과 경험이 풍부한 사람으로서 도지사가 임명

또는 위촉한다. 이 경우 공무원인 위원은 7명을 초과할 수 없다.

④ 위원의 임기는 3년으로 하되, 연임할 수 있다. 다만, 보궐위원의 임기는 전임자의 남은 임기로 한다.

제8조(위촉해제) 도지사는 다음 각 호의 사유가 발생하였을 때에는 임기 만료 전이라도 위원을 위촉 해제할 수 있다.

1. 사망, 질병 등의 사유로 업무를 수행하기 어렵다고 판단될 경우
2. 그 밖에 품위를 손상하는 행위 등으로 위원으로서 부적당하다고 인정될 경우

제9조(위원장이 직무) ① 위원장은 위원회를 대표하고, 위원회의 업무를 총괄한다.

② 위원장이 부득이한 사유로 직무를 수행할 수 없을 때에는 부위원장이 그 직무를 대행하며, 위원장과 부위원장이 모두 부득이한 사유로 그 직무를 수행할 수 없을 때에는 위원장이 미리 지명한 위원이 그 직무를 대행한다.

제10조(위원회 회의) ① 위원장은 위원 5명 이상이 요구하거나 또는 위원장이 필요하다고 인정하는 경우 회의를 소집하고 그 의장이 된다.

② 위원장이 회의를 소집하고자 할 때에는 회의 개최 7일 전까지 회의일시 및 심의안건을 위원회의 위원에게 통보하여야 한다. 다만, 긴급한 경우에는 회의 개최 3일 전까지 이를 통보할 수 있다.

③ 회의는 재적위원 과반수의 출석으로 개의하고, 출석위원 과반수의 찬성으로 의결한다.

④ 위원장은 업무수행을 위하여 필요하다고 인정하는 경우에는 관련 공무원 · 전문가 · 이해관계인 등을 회의에 출석하게 하여 그 의견을 듣거나 관계 기관 · 단체의 장에게 자료 제출을 요청할 수 있다.

제11조(간사 및 서기) ① 위원회의 사무를 처리하기 위하여 간사 및 서기 각 1명을 둔다.

② 간사는 환경정책을 담당하는 과장이 되고, 서기는 습지보전업무를 담당하는 사무관이 된다.

③ 위원회의 간사는 회의록을 작성하여 다음 회의에 보고하여야 한다.

제12조(수당 등) 도 소속공무원이 아닌 위원회의 위원 등에게는 「충청북도 위원회 실비변상 조례」에 따라 예산의 범위에서 수당과 여비를 지급할 수 있다.

제13조(위원회 심의결과의 활용) ① 도지사는 위원회가 심의한 결과를 관계

행정기관의 장 및 시장 · 군수에게 알려야 한다.
② 관계 행정기관의 장 및 시장 · 군수는 관할구역 안의 습지정책 및 예산에 위원회의 심의결과를 반영하도록 노력하여야 한다.
제14조(운영세칙) 이 조례에서 규정한 것 외에 위원회의 구성 · 운영에 관하여 필요한 사항은 위원회의 의결을 거쳐 위원장이 정한다.
제15조(습지보전 민간단체의 육성 · 지원) 도지사는 습지의 보전 및 관리를 위하여 민간단체를 육성할 수 있고, 예산의 범위에서 필요한 경비를 지원할 수 있다.
제16조(교육 · 홍보 · 정보공개) ① 도지사는 시 · 군, 관계 행정기관, 습지보전기관 및 민간단체 등과 협력하여 습지생태계에 관한 자료의 제작 · 보급과 습지의 보전 교육 · 홍보 등 활동의 진흥을 위하여 노력하여야 한다.
② 도지사는 지역 주민 참여를 통한 습지생태계 보전을 위하여 사업계획 단계부터 정보공개 등에 노력하여야 한다.
제17조(국제협력의 증진) 도지사는 습지의 보전 및 관리를 위하여 외국의 지방자치단체, 국제기구 등과 습지보전 및 관리에 관한 정보 · 기술의 교류 · 협력을 위하여 노력하여야 한다.
제18조(시행규칙) 이 조례의 시행에 필요한 사항은 규칙으로 정한다.

4. 습지 보전을 위한 중장기 로드맵 작성

충청북도 습지조례가 제정 된 후에는 실효성 있는 사업을 추진해야 한다. 큰 틀에서는 생물다양성과 연계한 국가정책과 연계하여 추진하는 것이 바람직하며, 생물다양성에 대한 별도의 조례도 필요하다. 습지 보전과 생물다양성 증진의 기반조성과 성과를 위해서는 중 · 장기적인 로드맵과 사업의 발굴이 필요하다.

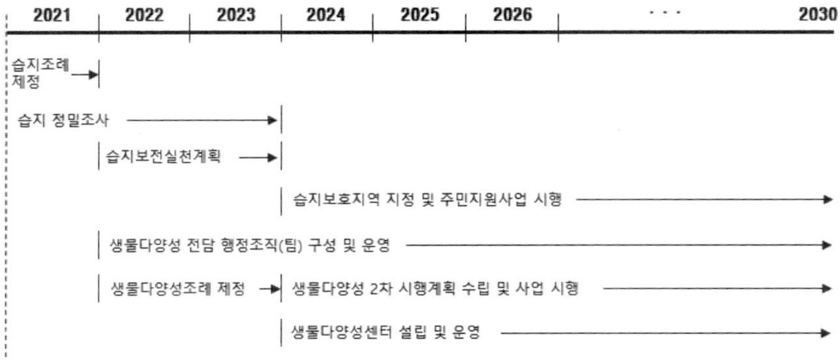

[그림 6-11] 충청북도 습지 보전 및 생물다양성 증진을 위한 로드맵(안)

참고문헌

관계부처 합동, 2018년도 국가생물다양성전략 시행계획, 2018.

관계부처 합동, 제4차 국가생물다양성전략(2019~2023), 2018.

국립환경과학원, 제4차 전국내륙습지 일반조사, 2016.

국립환경과학원, 제4차 전국내륙습지 일반조사, 2018.

배명순, 충청북도 생물다양성 증진을 위한 실천 및 제도화 방안, 충북연구원, 2019.

청주시, 청주시 환경보전계획(2016~2025), 2016.

충청북도, 충북 생물다양성 전략 수립, 2017.

충청북도, 충청북도 환경보전계획(2016~2025), 2017.

충청북도지속가능발전협의회, 충북 습지보전 조례 제정 및 습지보호지역 지정을 위한 정책연구, 2019.

환경부, 5년간 전국 내륙습지 기초조사, 보도자료, 2016.

환경부, 습지 현황정보를 한눈에-국가습지인벤토리 구축, 보도자료, 2017.

환경부, 제3차 습지보전기본계획 2018-2022, 2018.

환경부, 제4차 국가생물다양성전략 2019-2023, 2018.

제4부

사진으로 보는 황새 서식지, 습지

제7장 황새와 습지

김경선*

아침 5시 전 후하여 둥지를 떠나 오후 7시쯤 잠자리 둥지로 돌아온다. 약 12시간을 황새들은 먹이터에서 활동한다. 황새들의 활동 범위는 먹이활동이 가능하고 편안하게 휴식이 가능한 습지다. 둥지를 가지고 있는 황새들은 보통 둥지로부터 2킬로미터 내에 있는 습지에서 활동하며 그 구역을 자신들의 활동영역으로 하여 외부에서 침입하는 황새들을 제지하는 영역 다툼이 생기곤 한다.

습지는 먹이활동의 근거지이며 둥지에서 이소한 유조들에게 자연에서 살아가는 방법을 교육하는 현장 적응 교육장이기도 하다. 유조들은 일정 기간 습지에서 먹이활동과 위험 상황 인식 등을 성조로부터 교육받는다. 유조들의 주변에 위험 상황이 생기면 성조는 유조를 안전한 곳으로 유도하는 방법을 통해 위험을 교육한다. 성조의 교육에 따르지 않는 유조에게는 먹이 공급 시 일정 기간 접근을 못 하게 하는 벌을 주기도 한다.

이소한 황새 유조들은 먹이활동을 하지만 익숙하게 숙달되기까지는 하루 5~6회 정도 성조에게서 먹이 공급을 받는다. 현장에서 감동적인 황새들의 모습이 목격되기도 한다. 보통 유조들이 있는 근접한 곳에서

* (사)황새사랑 사진작가

먹이를 공급하니, 성조들이 먹이를 가져오면 성조 주위로 유조들이 모인다. 하루는 수컷 성조 황새가 암컷에게 먹이를 주는 모습이고 유조들은 일정 거리에 모여 의기소침한 모습으로, 먹이를 주고 스킨십하는 부모의 모습을 지켜보고 있는 것이었다. 그런데 활동 없이 휴식을 취하는 듯한 암컷 성조 황새, 암컷은 어딘가 몸 상태가 불편했던 것이다! 먹이를 주는 성조들에게 사정없이 달려드는 모습과는 대조적인 상황을 보며 황새의 지혜로움을 느낄 수 있었다.

유조들은 이소(둥지에서 내려와) 후 약 두 달 정도가 지나면 성조 곁을 떠나 자립하고 뿔뿔이 흩어져 새로운 활동영역으로 간다. 멀리 갔던 유조들이 크게 성장하여 자신이 머물렀던 습지를 찾는 예도 종종 볼 수 있다. 또한 부모 곁에 돌아온 황새를 가까이 접근하지 못하도록 내쫓는 경우도 있었다. 하지만, 혈육을 나누지 않은 황새를 그 영역에서 완전히 몰아 버리는 것과는 대조적인 모정을 보이는 모습도 볼 수 있었다.

황새들은 습지에서 미꾸라지, 붕어, 개구리 등 다양한 생물들을 포획하며 먹이 활동한다. 자연적 혹은 인공적 습지는 황새의 젖줄이다. 멸종되었던 황새를 성공적으로 복원하고 자연에서 활기차게 비상하는 황새를 위해, 자연 습지 보전은 기본이고 인위적 습지 개발은 필수라는 생각이다.

2020년 시목리습지에서 황새들이 먹이활동 후 잠시 휴식 중이다.

2019년 유조가 완전 이소 후 부모 황새가 쓸쓸하게 가을을 보내고 있다.

2017년 궐곡리에서 방사한 황새들이 자기들이 머물렀던 방사장 주변 습지에 있다.

2015년 황새공원 습지에서 황새 두 마리가 먹이활동 중이다.

2016년 장전리 습지에서 황새 한 마리가 미꾸라지를 잡아먹고 있다.

2018년 황새들이 가장 좋아하는 시목리 습지에서 황새가 휴식 중이다.

2017년 장전리 유조와 성조 국내에서 황새 복원사업 후 첫 번째 다섯 마리가 부화하여 네 마리가 잘 성장하여 이소했다. 2017년 유난히도 덥고 가물었던 해이다. 예당호가 가뭄으로 수위가 낮아져 황새들에게 먹이 활동의 좋은 장소가 되었다.

2019년 장전리에서 태어난 유조가 물 빠진 예당호에서 먹이 활동을 하고 있다.

2019년 시목리 습지에서 황새들이 가을을 만끽하고 있다.

2018년 옥전리에서 방사한 황새가 저수지 주변 습지에서 뱀을 잡아 물고 있다.

2020년 A10번과 B10번이 시목리 습지에서 먹이활동을 하고 있다.

2019년 관음리 번식쌍에서 황새 여섯 마리가 부화하고 잘 성장해 부모 곁을 떠났다.
알 여섯 개가 모두 부화하여 이소한 것은 전 세계적으로도 흔하지 않은 일이다.

2019년 관음리에서 부화한 황새 유조 여섯 마리와 성조가 휴식을 취하고 있다.

2017년 장전리에서 부화한 유조들이 습지에서 먹이활동 후 휴식하고 있다.

2019년 예당호 주변 습지에서 황새가 먹이활동을 하고 있다.

2020년 유조 황새가 어미 곁에서 먹이를 달라며 조르고 있다.

예당호(2019년)는 황새들에게 최고의 먹이터이며 휴식 공간이다.

2020년 시목리 습지에서 황새가 먹이활동을 하고 있다.

2017년 예당호 습지에 있는 황새들의 모습이다.

2018년 시목리 습지에서 황새가 먹이활동을 하고 있다.

2018년 장전리 습지에 있는 황새 모습이다.

2018년 시목리 습지에서 황새들이 먹이활동을 하고 있다.

예당호 주변 습지에서 먹이활동 하는 황새 모습이다.

연구원(김수경 박사, 하동수 박사)들이 습지에 생존하는 생물들을 직접 조사하고 있다.

저자 약력

대표 저자

남 영 숙

한국교원대학교 환경교육과 교수, 황새생태연구원 원장
베를린공과대학교 공학박사(환경계획학 전공)
[경력] 전) 한국환경정책평가연구원 책임연구원
대통령직속 규제개혁위원회 위원
한국환경공단 비상임이사
현) 대통령부속 세종-제주 자치분권·균형발전 특별위원회 위원
한국환경한림원 부회장
환경부 자체평가위원회 위원
환경부 중앙환경정책위원회 위원
한국환경교육학회 부회장
충북지속가능발전협의회 공동대표
외 다수
[저서] 황새와 융합교육(교육과학사), 기후변화와 여성(시그마프레스), Comparative Studies on Environmental Policies(Springer Publishing Co.), 환경영향평가(동화기술), 지속가능한 사회와 환경(시그마프레스), 환경과학 외 다수

공동 저자

Kantaro TABIRAKI

일본 Matsumoto 대학 교수
일본 도쿄대학교 농학박사(농경제학 전공)
[경력] 전) 교토 YMCA 지도자
현) 일본 환경교육학회 쥬부 지역장
일본 습지 학회 회원

김 수 경

예산황새공원 야생복귀연구팀 선임연구원
한국교원대학교 교육학박사(동물생태 전공)
[경력] 현) 충남지속가능발전협의회 기후분과 위원
현) (사)황새사랑 이사
[저서] 황새, 자연을 날다

Yury DARMAN

WWF 러시아 아무르 지부 고문
모스크바 자연보호러시아연구소(생물학 박사)
[경력] 전) 아무르스카야 지방 킨간스키 자연보호구역 자연과학장
전) 러시아자연과학 아무르연구센터 선임연구원
전) WWF 러시아 아무르 지부장
[저서] An ecological network approach to biodiversity conservation. In: Amur Heilong River Basin Reader. Ecosystem Ltd., Hong Kong, 2008.
The Wetland Book. (Amur-Heilong River Basin: Overview of Wetland Rources). Springer, Dordrecht, 2018.

임 정 철

국립생태원 습지센터 선임연구원
계명대학교 이학박사(식물학 전공)
[경력] 전) 국립환경과학원 국립습지센터 전문위원

배 명 순

충북연구원 선임연구위원
충북대학교 공학박사(도시공학 전공)
[경력] 전) 국립환경과학원 전문위원
현) 충북지속가능발전협의회 위원
[저서] 충청북도 생물다양성 증진을 위한 실천 및 제도화 방안, 충북연구원, 2019

김 경 선

(사)황새사랑 황새사진작가
독일 보쿰대학교 박사(체육학 전공)
[경력] 전) 서울대학교 외 다수 대학교 강사
전) 서강대학교 교육대학원 강사
전) KBS 스포츠 해설위원
전) 스카이스포츠 해설위원
전) 대한육상연맹 스포츠과학분과위 상임위원장

황새와 습지

2021년 4월 25일 1판 1쇄 인쇄
2021년 4월 30일 1판 1쇄 발행

저 자 : 남영숙 · Kantaro TABIRAKI
김수경 · Yury DARMAN
임정철 · 배명순 · 김경선

발행인 : 한 정 주
발행처 : 교 육 과 학 사

경기도 파주시 광인사길 71
전화 (031)955-6956~8 / 팩스 (031)955-6037
Home-page : www.kyoyookbook.co.kr
E-mail : kyoyook@chol.com
등록 : 1970년 5월 18일 제2-73호

낙장 · 파본은 교환해 드립니다. 정가 12,000원
Printed in Korea. ISBN 978-89-254-1591-8